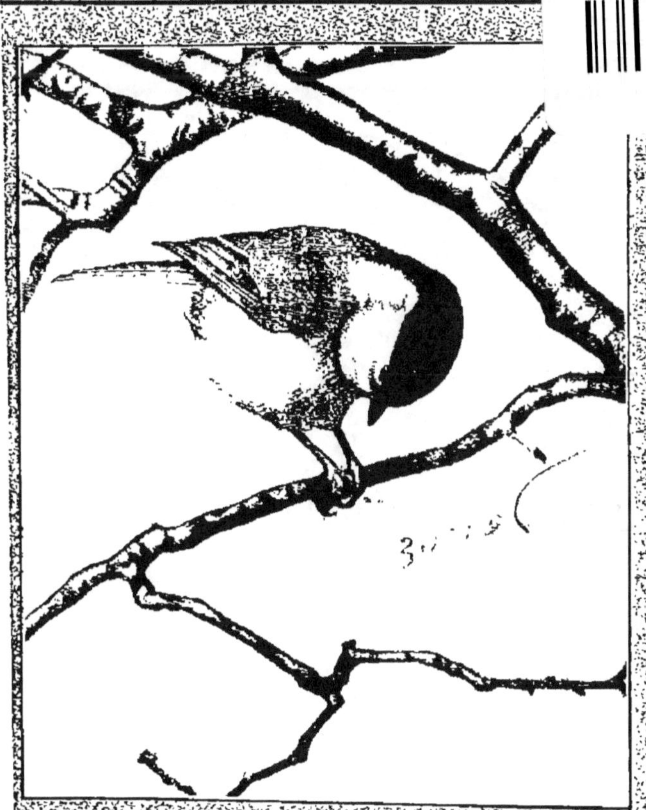

CHANTS D'OISEAUX

PAR E. RAMBERT — ILLUSTRÉ DE 26 PLANCHES D'APRÈS LÉO-PAUL ROBERT

NEUCHÂTEL — DELACHAUX & NIESTLÉ, S. A., ÉDITEURS
PARIS — LIBRAIRIE FISCHBACHER, S. A., 33, RUE DE SEINE

ᵉᵐᵉ ÉDITION

CHANTS D'OISEAUX

IMP. DELACHAUX ET NIESTLÉ S. A. — NEUCHATEL.

Chants d'Oiseaux

MONOGRAPHIES D'OISEAUX UTILES

ILLUSTRÉES DE 26 DESSINS DE LÉO-PAUL ROBERT

PRÉFACE DE PHILIPPE GODET

Deuxième Edition

NEUCHATEL
DELACHAUX & NIESTLÉ S. A.
Editeurs
4, rue de l'Hôpital, 4

PARIS
LIBRAIRIE FISCHBACHER
(Société anonyme)
33, Rue de Seine, 33

1906

PREFACES

Préface de la 2me édition

Le vœu enthousiaste qu'exprimait dans sa préface M. Philippe Godet s'est en partie réalisé : en moins d'une année l'édition entière de « Chants d'oiseaux » était enlevée, preuve que le public de notre pays appréciait les mobiles auxquels nous obéissions en reproduisant le texte des « Oiseaux dans la nature ». Si nous n'avions pu songer à reproduire également les magnifiques planches en couleurs de M. Paul Robert, du moins avions-nous conservé et mis à la portée d'un cercle de lecteurs plus étendu les « merveilleuses notices » dues au talent descriptif d'Eug. Rambert. Diverses circonstances ont retardé, bien malgré nous, le tirage d'une nouvelle édition que l'on nous demandait de tous côtés.

Nous pouvons aujourd'hui la présenter en-
richie de 26 illustrations en noir, réductions
de celles qui figuraient dans le grand ouvrage
et dues, comme les autres, à M. Paul Robert.

Le public qui a accueilli avec faveur la première édition des « Chants d'oiseaux », nous
saura gré de ce nouvel effort pour reconstituer,
le plus intégralement qu'il nous a été possible
dans un format restreint et à un prix abor-
dable, la grande publication sortie de l'intime
collaboration de ces deux maîtres de notre
Suisse romande qui ont nom Paul Robert et
Eugène Rambert.

LES ÉDITEURS.

PRÉFACE

de M. PHILIPPE GODET

pour

la première édition

Il faut, lecteur, que je vous fasse un aveu : je viens de découvrir les *Oiseaux* d'Eugène Rambert, et volontiers, comme La Fontaine, je dirais à tout venant : « Avez-vous lu Baruch ? »

Je croyais pourtant connaître mon Rambert, et j'ai méconnu jusqu'à ce jour une de ses œuvres les plus exquises ! Ce n'est pas absolument ma faute. Voici un superbe in-folio où de courtes notices accompagnent des dessins étonnants de science et de vie. Qu'arrive-t-il ? — Il arrive, hélas !... que nous sommes de grands enfants ; les images si parlantes tracées par l'artiste séduisent et retiennent le regard, elles satisfont notre curiosité, et nous ne parcourons que d'un œil distrait le texte explicatif. Il nous paraît plein de charme sans doute, il est aussi soigné que l'illustration, mais celle-ci, fatalement, prime le texte, parce qu'elle exige un moindre effort de l'esprit et que notre paresse naturelle trouve mieux son compte à une simple contemplation qu'à une lecture attentive.

Et puis, il faut avouer que ce format in-folio n'est pas commode pour le lecteur. A quoi tiennent pourtant les choses en ce monde!

Je me confesse en toute humilité, et j'invite le lecteur de bonne foi à en faire autant. Nombreux sont ceux qui ont feuilleté les *Oiseaux dans la nature* sans mesurer la valeur des descriptions composées par Eugène Rambert. Elles sont tout bonnement au nombre des pages les plus brillantes qu'il ait jamais signées; son talent de poète naturaliste n'a déployé nulle part plus de souplesse, de grâce et de variété.

Il a fallu pour me l'apprendre la mise en demeure d'un libraire qui a fort sagement résolu de réimprimer ces petites notices. L'obligation d'écrire une préface a entraîné celle de relire avec plus de soin un texte sur lequel mon attention a dû se concentrer tout entière.

Je bénis maintenant l'éditeur à qui je dois d'admirer plus encore celui qui fut pour moi un maître et un ami.

I

On lit dans les notes auto-biographiques rédigées par Eugène Rambert vers 1880 :

Les *Alpes suisses* constituent la principale branche de mes publications sur la nature. Il y en a deux *sous-branches :* 1° Les volumes de *Bex* et de *Montreux....* 2° Mes études sur les *Fourmis* dans la *Bibliothèque universelle,* et un travail assez important sur les *Oiseaux utiles,* qui va paraître.... Le texte est complètement de moi. M. Robert, dont le nom est accolé au mien sur le titre, me fournit des matériaux nécessaires, me dirige scientifiquement — c'est un grand connaisseur — et me sert de caution. Je me suis laissé jeter dans cette entreprise par mon goût des descriptions, et j'ai trouvé un grand plaisir à écrire ces médaillons d'oiseaux, dont il y aura en tout une soixantaine.

C'est vers 1876 que l'éditeur D. Lebet, de Lausanne, conçut le projet de la magnifique et coûteuse publication *Les Oiseaux dans la nature.* Il ne pouvait mieux faire que d'en confier l'exécution à Paul Robert et à Eugène

Rambert; jamais mariage ne fut mieux assorti : le peintre neuchâtelois connaissait à fond les oiseaux qu'il s'agissait de mettre en scène; le littérateur vaudois, sans avoir fait de l'ornithologie une étude spéciale, avait manifesté dans toute son œuvre le don de l'observation scientifique, joint à un sentiment poétique profond et à toutes les ressources d'un écrivain de race.

Ils se mirent donc à l'œuvre. Leur but était de décrire les oiseaux d'Europe qui méritent la protection de l'homme. Ils firent choix de soixante espèces — car ils ne visaient pas à tout dire, mais à dire l'essentiel — et ils s'appliquèrent à faire de chaque planche et de chaque notice un tableau en raccourci des mœurs et de la vie de l'espèce décrite. Le peintre, pour qui ce petit monde ailé n'avait plus de secrets, mit des trésors de renseignements à la disposition de l'écrivain, qui, une fois conquis à l'entreprise, s'y jeta avec cette ardeur intelligente et cette conscience minutieuse qu'il mettait à toutes ses œuvres. Ce fut une collaboration pleine de cordialité et de charme.

Nous avons lu avec un vif plaisir les lettres

échangées entre les deux « oiseliers » pendant les trois années où ils furent — ainsi disait Rambert — « attelés au même char ». Quelques extraits de cette correspondance inédite ne paraîtront point déplacés ici.

Naturellement, Rambert consulte avec soin les ouvrages classiques sur la matière ; mais surtout il se laisse humblement instruire par son jeune collaborateur, qui lui livre, avec ses dessins et ses aquarelles, des trésors d'observations depuis longtemps amassés. Aux félicitations de l'artiste sur ses premières notices, Rambert répond en toute modestie :

.... Votre suffrage à l'endroit des fauvettes m'a fort touché. Mais vous avez beau dire : il ne saurait y avoir dans mes notices qu'un reflet de vos planches. C'est presque toujours en regardant la planche que me vient le motif de la notice....

Le passage suivant montre qu'il ne se fait aucune illlusion sur les chances de succès du texte qu'il fournit et sur l'attention qu'il obtiendra du lecteur :

Ce n'est pas un livre, c'est un album ; cela ne se lit pas, cela se regarde. Le texte est un accompagnement. Il faut partir de là. En feuilletant, on jette les yeux sur le texte, par hasard, par curio-

sité. Si c'est long, on tourne le feuillet et on passe.
Si on tombe sur une phrase courte et juste, et si
l'on voit en même temps que cela ne va que jusqu'au verso, on continue, on lit. Je suis bien d'accord avec vous que c'est par un grain de poésie
seulement que nous pouvons nous faire absoudre
en parlant oiseaux après tant d'autres. Cela est
surtout vrai pour moi, qui n'y entends rien. Vous,
vous pourriez faire ce que vous voudriez, des volumes! Mais enfin, dans le cas particulier, il faut
moins de science que de poésie. C'est évident.
Seulement il y faut une poésie juste et de caractère. La physionomie de chaque espèce doit ressortir; on doit en voir clairement au moins les
traits principaux. Je me figure chacune de ces notices comme un portrait, un petit portrait, sobre,
au trait, mais avec du relief,   un médaillon, un
camée. Voilà du moins l'idéal.

Nous jugerons plus loin si Rambert ne s'est
pas approché de bien près de l'idéal qu'il dé-
crivait ainsi.

Il me semble, lui répondait le peintre après
avoir reçu les six descriptions de mésanges, que
tout en gardant la note vive, joyeuse, la tournure
alerte, le coup de pinceau bref et franc, vous avez
su conserver à chaque espèce son caractère distinctif.

Puis ce sont, entre Bienne et Zurich, où
Rambert était alors, des discussions sur cha-

que oiseau, des échanges d'observations qui donnent à ces lettres une saveur parfois très piquante :

Alfred de Musset, écrit Rambert, est un impertinent avec son merle qui ressemble à un sacristain habillé de noir avalant une omelette. Il est vrai qu'il met cette sottise dans la bouche du merle blanc, autant qu'il m'en souvient.... C'est égal. Je lui en veux d'avoir si sottement habillé un oiseau qui a de la race et du cachet. — Pourquoi vous étonnez-vous de ce que le merle soit à la fois glouton et artiste? Le petit rossignol n'est-il pas aussi gros mangeur? Dame! On s'épuise à chanter.

Ce plaidoyer en faveur des artistes gros mangeurs a passé à peu près tel quel dans la notice sur le merle. Quelques jours plus tard, c'est la grive chanteuse qui est en cause, conjointement avec le merle :

.....J'ai constaté l'impossibilité de faire davantage dans une *notice*. Pour aller plus loin, il faudrait chanter la grive, il faudrait quitter la prose, recourir au vers et au rythme. C'est du moins mon sentiment, c'est-à-dire le sentiment d'un homme qui n'a que des ressources limitées et qui, en avançant en âge, a de plus en plus pris le goût des genres francs et le dégoût des genres douteux, à commencer par la prose poétique....

Etes-vous bien sûr que le merle ouvre si peu le
bec? Je vis au milieu des merles. Dans la pénurie
d'oiseaux où nous vivons à Zurich, le merle est
une des rares espèces qui paraissent se multiplier.
Il y en a eu deux dans notre jardin tout l'hiver. Nous
avons tâché de leur aider à passer cette dure saison. Une des stations favorites du mâle est le
sommet d'un grand poirier à trente pas de la fenêtre dans l'embrasure de laquelle se trouve la
table à écrire de ma femme. Quand il chante, elle
vient me chercher. Il n'a encore fait ces jours derniers que de timides préludes. Mais je n'ai point
le souvenir de ce bec quasi fermé. J'ai, au contraire, le souvenir d'un bec très honnêtement
ouvert.

Et pour preuve, Rambert jette sur son pa-
pier un croquis, lequel « ne vaut pas le diable »,
mais qui complète sa pensée.

Je vous suis aveuglément, comme mon guide,
dit-il encore.... S'il y a quelque vérité dans mes
descriptions, c'est que je les tire de vos dessins,
que je traduis en vile prose. Sans vous, je ne suis
rien, je suis moins que rien.

La suite montrera ce qu'il faut penser de ce
rien. Mais il est sûr que la façon dont Paul
Robert avait conçu et exécuté son œuvre devait singulièrement soutenir l'écrivain chargé
de la commenter. Voici quelques lignes ins-

tructives que le peintre adresse à son collaborateur le 4 mars 1879 :

En choisissant le titre les *Oiseaux dans la nature*, j'ai voulu accentuer le caractère de mes dessins. Jusqu'ici, à ma connaissance du moins, on a dessiné les oiseaux devant les vitrines d'un musée, et une fois dessinés, on a mis derrière des fonds quelconques, faits sans études d'après nature et surtout sans inspiration. Mon rêve à moi est d'exprimer quelque chose de la poésie de l'oiseau au sein même de la nature, avant tout pour faire aimer les oiseaux....

L'œuvre avance, les notices succèdent aux notices ; des difficultés surgissent au sujet de l'ordre, du classement :

Tendez-moi la main, s'écrie comiquement Rambert. Je patauge sans vous, et finirai par me noyer.

Mais Paul Robert est trop artiste pour méconnaître tout ce que le style si personnel de l'écrivain ajoute aux renseignements qu'il tient d'autrui, et pour accueillir autrement que sous bénéfice d'inventaire les effusions reconnaissantes du littérateur. Il lui répond :

Toutes les personnes auxquelles je lis vos notices en sont enchantées comme moi. *Vous donnez des ailes à mes oiseaux.* S'ils se répandent, Lebet le devra à vous, je le dis bien sincèrement.

Puis le peintre ajoute avec mélancolie :

Au moins, vous, vous n'avez pas la déception d'être reproduit imparfaitement.

II

Malgré les imperfections de la chromolithographie, dont se plaignait l'artiste [1], le succès de l'ouvrage fut très vif. Il parut d'abord en édition de luxe (3 volumes in-folio), puis en édition à prix réduit; il en fut aussi publié des éditions allemande et anglaise. Les récompenses ne se firent pas attendre. Citons, parmi un grand nombre de distinctions flatteuses, la médaille d'or décernée par la Société nationale d'agriculture de France, qui fournit à la modestie de Rambert l'occasion de rendre à son collaborateur un nouvel hommage. Il lui écrivait le 13 juillet 1882 :

Je ne veux encore vous entretenir que d'une affaire qui m'a causé une grande surprise accom-

---

[1] Il eut plus de satisfaction avec son graveur, M. Florian (Rognon), de Neuchâtel, alors à ses débuts, et qui grava, avec une distinction très remarquable chez un commençant, la plupart des bois qui illustrent l'ouvrage. M. Florian s'annonçait déjà dans cette œuvre comme l'éminent artiste qu'il est devenu dès lors.

pagnée de quelque embarras. Le secrétariat de la Société nationale d'agriculture de France vient de m'aviser *officiellement que la dite société m'a dé*cerné une médaille d'or pour mes « recherches sur l'histoire naturelle des petits oiseaux ».

J'aurais bien voulu pouvoir m'entretenir avec vous avant de répondre. Ma première pensée a été celle-ci : « Et Robert! A-t-il reçu un avis semblable? » — Je ne conçois cette médaille qu'à vous adressée, ou, si l'on veut, partagée entre nous. Obligé de répondre sans entente préalable avec vous, j'ai cru devoir rendre hommage à la vérité, et après les remerciements et compliments de ri*gueur, j'ai écrit ce qui suit :* « Si les *Oiseaux dans*
« *la nature* renferment quelques observations ori-
« ginales, c'est à mon collaborateur plus qu'à moi
« qu'il faut en attribuer le mérite. M. Léo-Paul
« Robert *ne s'est pas uniquement occupé de l'il*-
« lustration artistique de l'ouvrage. Amateur pas-
« sionné d'ornithologie, il a mis dans le fonds
« commun de l'ouvrage, outre son talent de dessi-
« nateur et de peintre, tout ce que lui ont appris
« dès son enfance, des observations assidues. Mon
« rôle, dans l'association, a été surtout littéraire.
« J'ai demandé aux auteurs qui font autorité dans
« la matière un complément indispensable aux faits
« recueillis par M. Robert, et j'ai tenu la plume. J'ai
« décrit, de mon mieux, ce que j'ai vu ou ce qu'on
« m'a fait voir, et il y aurait de l'exagération à m'at-
« tribuer des *recherches* d'histoire naturelle suffi-
« santes pour justifier une si haute distinction. »

Rambert ne fut rassuré que lorsqu'il apprit qu'une médaille d'or avait été aussi décernée au jeune artiste. Nous avons tenu à citer ce trait : il contraste agréablement avec les allures charlatanesques et le sans-gêne dans la réclame qui distinguent tant de jeunes écrivains, — même suisses.

L'œuvre était d'ailleurs de celles que la modestie de leurs auteurs n'empêchent pas de réussir. La presse fit un brillant accueil aux *Oiseaux dans la nature*. J'ai sous les yeux un certain nombre d'articles signés de noms qui donnent quelque autorité aux éloges.

Voici Charles Clément, qui vante, dans les *Débats*, ces descriptions « où M. Rambert montre une flexibilité de talent, une variété, une abondance qu'on ne saurait trop louer. » A son tour, M. G. de Cherville, dans le *Temps*, admire ces monographies « où sont décrites les formes extérieures, les proportions de l'oiseau, sa physionomie, ses mœurs, ses habitudes, non plus dans les analyses sèches et froides de l'ancien procédé, mais par une mise en scène toujours mouvementée, toujours intéressante et toujours fidèle... » L'auteur de la *Vie à la campagne* caractérise heureuse-

ment le style des notices lorsqu'il l'appelle
« *brillant dans sa concision.* »

Dans le *Moniteur*, Paul de Saint-Victor,
après avoir loué le peintre, ajoute que chaque oiseau a sa notice, « on pourrait dire son
idylle, car M. Eugène Rambert n'est point
seulement l'observateur attentif, il est aussi
le poète de l'oiseau. »

Citerai-je Camille Flammarion et vingt autres ? Qu'il me suffise de recueillir dans la
Liberté l'appréciation enthousiaste que voici :

Dès les premières pages, j'ai été absolument
ravi par le texte, un vrai chef-d'œuvre, un ado-
rable chef-d'œuvre au point de vue littéraire. Depuis *l'Esprit des bêtes*, de Toussenel, on n'a rien
produit d'aussi délicat. C'est aussi joli que du Michelet, sans avoir le côté un peu cherché, un peu
tendu de l'auteur de *l'Oiseau*.

Cet éloge lyrique ne paraîtra sans doute
pas moins sincère pour être signé du nom
d'E. Drumont, le farouche antisémite. Et si
cette autorité ne semblait pas décisive, je con-
staterais qu'un autre Parisien célèbre, qui
connaît moins les beautés de la nature que
celles des théâtres du boulevard, fut immédia-
tement conquis par les notices de Rambert.

2

Sous ce titre : *Le malheur d'être myope*, M.
Francisque Sarcey disait le charme irrésistible du livre de Paul Robert et d'Eugène Rambert. Il remarquait que « la tendresse de l'écrivain pour ces jolies bêtes » avait « animé son
style, » puis il ajoutait :

Parmi ce peuple innombrable des oiseaux,
M. Rambert a choisi les amis de l'homme, ceux
qui lui servent d'aimables auxiliaires dans la lutte
contre la nature. Il revient sans cesse, et avec
quelle éloquence partie du cœur, sur ce thème,
qu'il faut protéger les oiseaux, conserver leurs
nids, leur accorder dans nos jardins et dans nos
bois un asile discret et sûr. Il nous dit les mœurs,
les allures, les amours, les aventures de la gent
ailée, et depuis *l'Esprit des bêtes,* de Toussenel
(encore un joli livre !) il me semble qu'on a écrit
sur la matière peu de pages plus délicates.

III

Nous pourrions nous dispenser de rien ajouter à de si francs éloges, que Rambert — le
plus digne des producteurs littéraires — n'a-
vait nullement sollicités. Mais il faut, dût-on
trouver cette préface trop longue, que nous

disions ce que nous avons sur le cœur. Les notices de Rambert sont de véritables petites perles, et, si j'ose aller jusqu'au bout de ma pensée, notre littérature de la Suisse française n'a rien produit de plus achevé.

Ce qui me frappe tout d'abord, c'est la concision de ces portraits à la plume. S'il est une qualité de Rambert qui ait failli devenir un défaut, c'est sa scrupuleuse conscience. Expert en l'art de décrire, il craignait toujours de n'avoir pas assez décrit, d'avoir négligé quelque détail nécessaire à l'effet de l'ensemble et à la ressemblance parfaite de l'objet. Il lui arrivait d'insister, de repasser sur le trait avec une complaisance qui risquait de dégénérer en prolixité. Il fut ici préservé de ce danger par les conditions mêmes de la publication. L'espace réservé à chaque notice était fixé d'avance, et limité à une page. Dans cette page, il devait dire l'essentiel, rien de plus. C'était la concision obligatoire. Il dut plier à ces exigences étroites l'abondance de son talent. Et son talent, loin d'être gêné par cette contrainte, y trouva un stimulant nouveau. Force lui fut de concentrer ses effets, de supprimer tout développement superflu, de pratiquer enfin l'art fécond des sacrifices. Il le regrettait au début, il aurait volontiers maudit l'obligation d'être si bref :

Il est certain, écrivait-il à Paul Robert, que presque tout est sacrifice dans cet ouvrage et qu'il est plus remarquable par ce qu'il ne dit pas que par ce qu'il dit.

Cela est vrai, mais un peu autrement que ne l'entendait Rambert. En effet, pas une ligne de trop dans ces notices où chaque trait porte, où chaque mot, scrupuleusement choisi, déploie la plénitude de son sens et concourt à l'évocation vive de la réalité.

Ce qui ne frappe pas moins que cette concision magistrale, c'est la souplesse et la variété du ton. Décrire les unes après les autres soixante espèces d'oiseaux, non seulement sans se répéter, mais en trouvant pour chaque sujet la note juste, l'accent convenable ; être pittoresque toujours à nouveau ; saisir et faire saisir au lecteur la physionomie propre de chacun de ces petits êtres que les passants distraits distinguent à peine les uns des autres ; varier ses procédés descriptifs comme la nature elle-même varie à l'infini ses moyens créateurs ; puis dans une même famille (celle des mé-

sanges, par exemple) établir les rapproche-
ments tout en respectant les individualités,
rappeler toujours le type commun en évitant
les répétitions fastidieuses — c'était, comme
Rambert le disait lui-même, « une mauvaise
gageure à gagner. »

Il la gagna, à force d'art et par les ressources
infinies d'un talent où entraient à proportions
égales l'observation et la sympathie.

Car — là est le charme exquis de ces médaillons d'un modelé si sûr et si délicat — ils
sont l'œuvre d'un portraitiste visiblement épris
de ses modèles, et qui les aime aussi tendrement qu'il les connaît bien. Buffon, sans doute,
est un maître incomparable; mais qu'on sent
bien que ce peintre magnifique n'a pas « dé-
rogé » jusqu'à la tendresse! Michelet est un
autre maître, épris assurément de l'oiseau qu'il
a célébré avec tant de lyrisme; mais sa poésie
est faite surtout d'intuition créatrice. Celle de
Rambert est née d'un irrésistible amour pour
ses petits oiseaux; et cet amour produit à la
fois la minutieuse exactitude du détail et la
vivacité expressive du style.

Il a une faculté étonnante d'individualiser
ses personnages... Ne riez pas de ce mot : oui,

ce sont des personnes qui vivent là sous nos yeux. Ce sont presque des membres de notre humanité, tant leurs attitudes, leurs manèges, leurs vertus même et leurs passions ressemblent aux nôtres, et suggèrent les comparaisons les plus inattendues.

Ces analogies, Rambert se garde d'y insister, mais elles sautent aux yeux, et ce n'est pas sans surprise que nous rencontrons dans le monde des oiseaux des types aussi variés que dans le nôtre : la mésange noire, si prévoyante ; le moineau campagnard, moins dégourdi, sous sa coiffe de milaine rousse, que le moineau citadin, hardi gamin des rues ; le verdier, qui ne s'élève qu'au-dessus de son nid ; la huppe, cette princesse qui traîne solitairement sa grandeur ; les artistes comme la grive musicienne et le merle noir, qui n'annonce pas seulement le printemps, mais qui le prophétise ; la fauvette des jardins, dont la svelte distinction, exempte de coquetterie, ne porte pas de parure, mais un simple vêtement, et son aimable sœur la grisette, qui a reçu du ciel « le don de la joie inaltérable » ; le bizarre petit troglodyte, l'oiseau-souris, épris de la vie cachée ; le phragmyte, nonchalant rêveur des plages; le rouge-queue, bourgeois rangé, bon père, bon fils, bon époux; les originaux comme le traquet, aux allures de maniaque, ou le torcol, disloqué comme un clown; l'hirondelle familière, tout vol, toute aile; la rustique bergeronnette, amie des bœufs et des bergers; les noctambules farouches, comme l'engoulevent; le rude ouvrier prolétaire, comme le pic; la sittelle, qui pratique l'obscur héroïsme du devoir maternel rigoureusement accompli; le chat-huant et l'effraie, ces misanthropes mystérieux et honnis de la foule... J'en passe vingt autres dont la silhouette inoubliable demeure fixée dans l'imagination du lecteur.

Le caractère de chacun est assez accusé pour qu'on voie clair aisément dans ces petites âmes naïves; mais pour qu'aucun type ne manque à ce monde si pareil au nôtre, nous y rencontrons aussi des oiseaux énigmatiques — tel le traquet, — des êtres mal définis, aux sensations confuses, à la conscience obscure, qui ne paraissent nés ni pour la joie, ni pour la souffrance :

La vie leur est un rêve; ils la traversent comme ils y sont entrés, sans la comprendre, et quand il s'agit d'en sortir, quand la mort est là, qui se dresse devant eux, ils la regardent et lui disent encore : « Que me veux-tu ? »

Combien Rambert était poète, on ne s'en doutera jamais si l'on n'a lu son admirable page, pleine d'une grandeur étrange, sur les migrations des pinsons des Ardennes ; sa peinture des amours du pinson commun, mouvementée comme un petit drame ; sa notice sur la lavandière jaune, fraîche et gracieuse comme une idylle ; ou bien le morceau, d'une superbe ampleur lyrique, sur le cantique du merle ; ou encore le passage saisissant sur la poésie de l'oiseau de proie. Dans chacune de ces monographies, la valeur de l'écrivain apparaît sous un aspect nouveau, avec une inépuisable diversité de mise en scène, tantôt enjoué, tantôt ému, toujours coloré et cependant toujours sobre. Parfois — comme dans *l'Hirondelle de cheminée* — c'est un souvenir d'enfance qui l'inspire et lui fournit les plus heureuses rencontres. Ailleurs, c'est le philosophe qui se révèle soudain, au tournant d'une page ; le ton s'élève, la pensée se cabre sous l'obsession du mystère, et la description s'achève en une méditation d'une religieuse gravité. Voyez la chouette :

On dirait un être inachevé. Il n'y a point de fond à ces yeux limpides, qui s'allument dans l'obscurité. Cet air ahuri trahit une âme qui n'a pas encore conscience d'elle-même, qui ne s'est dégagée qu'à demi des limbes du néant. L'idée n'a pas pris le dessus sur la matière; la forme est demeurée informe. Vainement l'éducation tente d'achever l'œuvre incomplète de la nature; la chouette apprivoisée reste la chouette. Elle a toujours l'air étonné d'exister. Son regard n'a que deux expressions : l'une d'effroi, quand elle se sent menacée; l'autre de supplication, quand elle se sent protégée. « Aidez-moi, » semble-t-elle nous dire. Son cri est un effort d'une voix sans organe, un immense soupir d'une poitrine oppressée. Au temps des amours, la joie le rend sauvage. C'est une voix aussi, comme celle du coucou, mais une voix faite pour les ténèbres, rauque et lugubre, et qui sème au loin l'épouvante. C'est le cri de l'inexprimable. « Aidez-moi, » semble-t-elle dire encore.... Hélas ! à qui demandes-tu de t'aider ? Trop nombreux sont tes pareils. L'inexprimable est au fond de toute vie. Il n'est pas nécessaire, pour avoir pitié de toi, que nous lisions dans tes yeux tristes et doux; il suffit que nous regardions en nous-mêmes. Notre prière est la même que la tienne : « Aidez, aidez. »

De telles pages sont d'un maître et méritent de ne pas périr. Je voudrais les voir se graver

dans toutes nos mémoires et que Rambert
devînt un de nos classiques romands. Savez-
vous, si je disposais de quelque autorité,
comment je m'y prendrais pour assurer à cet
ouvrage des *Oiseaux* la respectueuse admiration de tout un peuple ? — Je le répandrais
dans l'école; je le donnerais à tous nos écoliers comme livre de lecture et comme un
prix de leurs travaux; j'en ferais un « livre
scolaire » au premier chef.

En étudiant ces merveilleuses notices, j'é-
tais toujours plus vivement préoccupé du devoir de suggérer cette idée à ceux qui prési-
dent à notre instruction populaire. On fait lire
à nos enfants tant de pauvretés, on meuble
leur cerveau de tant de fades poésies et de
plates histoires. Or voici un livre composé de
morceaux très courts, qui se prêtent à la lecture en classe, qui sont de vrais modèles de
description juste et pittoresque; un livre tout
plein de science, de poésie et d'agrément, ma-
gistralement écrit, instructif à chaque ligne,
vivant comme la vie même, riche en révéla-
tions sur la nature, en tableaux suggestifs, en
symboles gracieux ou magnifiques... Et nous
laisserions perdre ce trésor pour notre jeu-

nesse ! Et nous ne mettrions pas un tel livre dans les mains de tous nos enfants !

A Dieu ne plaise ! L'intelligence de nos autorités scolaires a déjà multiplié dans nos classes les remarquables dessins de Paul Robert; qu'elles achèvent une œuvre si bien commencée; qu'elles mettent à la portée de tous les pages d'Eugène Rambert. Ce ne sera pas seulement honorer sa mémoire; ce sera servir la patrie.

Neuchâtel, 21 novembre 1893.

Philippe Godet.

MONOGRAPHIES

MÉSANGES

I

La Grande Charbonnière

Ordre des Insectivores. Famille des Paridés. Genre Mésange. — Longueur : 13 centimètres. Tête noire, joues blanches ; le dessus du corps olivâtre, le dessous jaune-pâle et traversé dans toute sa longueur par une bande noire, plus large chez le mâle que chez la femelle ; les ailes et la queue d'un gris teinté de bleu, les rémiges bordées de blanc. Cette mésange niche de préférence dans les cavités très étroites des troncs, des rochers et des murs. — Les œufs en général très nombreux, sont blancs semés de petites taches roux de rouille. — Elle est très commune dans toute l'Europe et une partie de l'Asie.

VEC la grande charbonnière, nous abordons la famille des *mésanges*.

La mésange n'est jamais un oiseau de haut vol ; sa force n'est pas à l'aisselle, mais au cou, au bec et aux pattes. C'est un petit oiseau, ramassé, très agile parce qu'il est très fort pour sa taille, né pour faire la chasse aux insectes en se suspendant aux plus minces branchettes. Toutes les espèces du genre, sans exception, passent leur vie dans le feuillage ; la plupart redoutent de se hasarder à l'air libre. Du Nord, les mésanges émigrent pour le Midi, en automne. Sous nos latitudes moyennes, elles hivernent; mais elles sont très vagabondes ; elles entreprennent de lointaines reconnaissances, elles font des parties de chasse ou de plaisir. Elles sont attachées au nid néanmoins, et très fécondes, surtout la grande charbonnière. Elles vivent essentiellement d'insectes. Leur chair à toutes, même à celles qui picorent des graines ou des amandes de pin, est coriace et maussade. Elles sont peu musiciennes ; mais elles ont quelques notes, vives et claires, dont elles savent modifier l'expression. Elles sont très amusantes, à cause de leur agilité, de leurs tours d'adresse et de l'imprévu de leurs évolutions. Elles bougent toujours ; c'est le mouvement perpétuel, plus rapide que toute réflexion : l'aile, la patte, le bec jouent comme un ressort ; c'est instantané.

L'espèce que nous avons plus particulièrement en vue dans cette notice est la plus grande de nos mésanges. Son nom de charbonnière lui vient de la sombre calotte qui lui couvre la tête. Elle est richement vêtue, de couleurs variées et choisies. La joue blanche brille encadrée de noir; le dos vert et l'aile bleue ressortent sur la gorge noire et jaune. Chaque plume a son système de coloration, sa note, sa nuance. Et cependant l'ensemble n'a rien de discordant : ce n'est pas le costume d'un arlequin, ni d'un perroquet, mais d'un petit oiseau joyeux, qui se fait fête de son innocente parure.

LA MÉSANGE GRANDE CHARBONNIÈRE

Au reste, pour peu que le soleil s'en mêle, tout est plaisir dans la vie de la mésange. Elle ne sait que jouer et s'ébattre. Elle sautille de rameaux en rameaux ; elle s'accroche d'une patte, se suspend, se relève, frétille, bat de l'aile, pique du bec, et n'est jamais à bout de postures folâtres et de jolis tours ingénieux. Nous rencontrerons les mêmes instincts, plus développés encore, chez les petites espèces du genre ; mais la grande charbonnière, quoique moins légère, est déjà étonnante d'agilité. Elle entremêle ses jeux d'un joli cri sans cesse répété, un refrain de joie : *si-li-da, si-li-da, si-li-da !...* Cependant, quand on y regarde d'un peu plus près, on découvre que cette façon de jouer est une façon de chasser. C'est à l'extrémité des rameaux, aux feuilles ou autour de leur pétiole, et souvent sous les feuilles, que se trouvent de préférence les proies chères à la mésange charbonnière : œufs de papillon, chenilles, araignées, pucerons. Voilà pourquoi elle ne cesse de tourner autour des branches menues. Mais si ce jeu est une chasse, cette chasse est un jeu, et rien n'est gai comme une journée de mésange, sinon une autre journée de mésange. Les mois, les saisons coulent ainsi ; l'automne vient et les oiseaux se rapprochent de l'homme ; les bois étaient peuplés, ils se dépeuplent en faveur des jardins. Si vous voulez vous divertir à prendre des charbonnières, c'est le moment. Tendez une trappe sur un arbre, le premier venu, dans la cour, dans le verger, peu importe. La mésange s'approche ; elle est curieuse, elle est étourdie, elle a faim ; elle est fascinée par la tentation ; comptant sur la prestesse de son aile, pst ! elle enlève l'appât, et crac ! la voilà prise. Coupez-lui une plume pour être sûr de la reconnaître, et rendez-lui la liberté : demi-heure après, vous l'aurez reprise, et vous la prendrez ainsi trois ou quatre fois de suite. Mais gardez-vous de la mettre en cage si vous ne voulez pas assister à des scènes tragiques. Elle y mourrait ou y ferait quelque malheur. Si, par exemple, il y a dans la volière un oiseau plus faible, un malade, elle le poursuivra de son bec pointu jusqu'à ce qu'elle l'ait tué, alors, elle se posera tranquillement sur le corps de sa victime, et de ce même bec, toujours aiguisé, elle lui perforera le crâne et lui sucera la cervelle. Elle est terrible, la charbonnière, quand elle se livre à ses exécutions. On prétend que cela lui arrive en pleine liberté, alors qu'il n'y a point d'excuse pour elle, surtout pas celle de l'ennui. Hélas ! ces mésanges sont des enfants, et cet âge est sans pitié !... Mais au printemps cette enfance n'en est plus une. Les amours ont fait trêve à la chasse. Combien y a-t-il d'œufs dans le nid ? Est-ce dix, est-ce douze, est-ce vingt ? La mésange ne s'effraie pas pour si peu. Autant il y en a, autant elle en couve, et chacun de ces œufs devient un oisillon mignon, un grand bec affamé. Il faut

voir alors voltiger et pirouetter père et mère : ce
n'est pas pour rien que la nature les a faits si agiles.
Ils suffisent à la tâche, les vaillants braconniers,
et bientôt la nichée s'envole et va jaser sur les arbres voisins. Pendant quelques semaines, les parents les suivent encore ; ils les dressent, ils leur
apprennent la voltige autour des branches : puis,
le nid s'emplit de nouveau. Ainsi est faite la vie
de la mésange. Parfois un accident y met fin : un
chat, un épervier ; parfois la fin vient d'elle-même,
le cœur cesse de battre. Il n'est pas impossible
que la mésange soit surprise en pleine chasse, et
qu'on la trouve accrochée à une branche, morte
comme elle a vécu.

MÉSANGES

II

La Mésange Nonnette

Ordre des Insectivores. Famille des Paridés. Genre Mésange. — Longueur : 11,5 centimètres. Calotte et menton noirs, joues blanches, dessus brun clair, dessous gris clair. Deux nichées par an ; la première de huit à douze, la seconde de six à neuf œufs d'un blanc bleuâtre ponctués de roux et de gris. — Cette mésange est commune dans toute l'Europe.

On chercherait en vain plus gentille mésange.

Elle est petite, beaucoup plus petite que la grande charbonnière, qui doit peser à peu près deux nonnettes ; mais cette taille exiguë est un oiseau destiné à une voltige perpétuelle. Elle a aussi le corps plus ramassé, la tête plus grosse ; elle est plus forte relativement à sa légèreté. En revanche, elle n'a pas cette robe diaprée, faite pour briller au soleil. A peine quelques vagues teintes pourraient-elles, en s'accentuant, devenir du jaune, du vert ou du bleu. Ce ne sont que des intentions, destinées à rappeler que la nonnette appartient à une famille dont la nature se plaît à parer le plumage. Pour le reste, il lui suffit d'un blanc sans éclat, d'un gris nuancé, d'un brun timide et d'un roux modeste; mais ces couleurs tranquilles ne font que mieux ressortir la grande calotte d'un noir puissant qui lui couvre tout le dessus de la tête, depuis le bec, et qui descend en arrière comme un voile rejeté sur la nuque. Qu'elle est mignonne, cette grosse petite tête blanche, coiffée de noir, plumeuse, chevelue, touffue, jouf-flue, ronde comme une tête de poupon, avec ces deux yeux de diamant, dont l'éclair l'illumine, et ce bec, conique et pointu, qui fait saillie tout seul! Ah! si la nonnette avait les proportions du vau-tour, il ne ferait bon pour personne sous un bec ainsi taillé et vers lequel se concentrent tous les muscles de la tête et de la nuque! Petite comme elle est, elle n'est que trop grande pour ceux qui sont plus petits; cette nonnette mignonne, c'est encore un vautour.

Où trouver cette nonnette? Partout où il y a de l'eau et des arbres, des aunes, des saules; au bord des lacs, des étangs, des tourbières, dans les clai-rières des bois marécageux. Pour être sûr de ne pas la manquer, choisissons quelque lisière hu-mide, voisine de terrains vagues ou de champs cultivés, car si elle aime les produits de la chasse, le gibier saignant, elle ne redoute point quelque entremets farineux, fait de graine de chardon, de tournesol ou de salade, surtout elle adore les grai-

nes de chènevis. La voici sur une branche de sureau. Approchez-vous, elle n'est point sauvage.
Qu'est-ce que ce fruit qu'elle tient entre ses deux
pattes, qu'elle regarde d'un œil oblique et dont
elle perce la coque d'un coup? Ne voyez-vous pas
trembler encore une haute tige de chanvre, une de
ces tiges qu'on laisse pour la graine, au bord des
chènevières? Elle voudrait bien y retourner, la
coquine; mais elle hésite, ce petit carnassier a
peur des grands carnassiers. Enfin, elle prend
courage : le moment est propice, il n'y a dans
l'espace ni faucon ni épervier; elle part, elle arrive, elle se suspend au chanvre feuillu, qui s'agite
et plie sous le fardeau; elle bat de l'aile, pique du
bec, repousse la tige qui se balance majestueuse-
ment à côté de ses sœurs immobiles, et retourne
en toute hâte à sa branche de sureau, pour y cro-
quer le fruit dérobé. Regardez encore : n'y a-t-il
point quelque cavité dans le tronc à demi pourri
du sureau? Peut-être y trouverez-vous le nid de la
nonnette, un pauvre nid, mal tapissé, mais souvent taillé dans le bois par l'oiseau lui-même, qui
se sert de son bec aussi sûrement qu'un graveur
de son poinçon. Comme les nids ne sont plus habités dans la saison où mûrit le chanvre, vous
pouvez, sans déranger personne, examiner ce curieux produit de la menuiserie des oiseaux. Les
petits caquettent dans le voisinage, et la mère,
sans doute, ne va pas tarder à rejoindre son

époux : ils ne sont jamais longtemps l'un sans l'autre ; ils s'adorent, ils se choient, ils se donnent mutuellement la becquée. Elle vient, elle se pose sur la même branche que son seigneur et maître, avec un *zisisisi*, auquel il répond par un *sizidädä*, ou par tel autre cri de leur vocabulaire d'oiseau. Ce langage n'est pas riche ; mais l'intonation le varie et même sans voir la nonnette, vous devineriez à son babil tout ce qui lui arrive, tout ce qu'elle veut dire, tant elle y met d'accent. Les nouvelles sont bonnes, et bientôt ils retournent à la provision. Ce que l'un rapporte, souvent il le donne à l'autre, et toujours ploie et reploie la haute tige du chanvre. Cependant l'appétit a ses caprices : après l'entremets on reprend goût au gibier. Regardez bien cette fois. si vous voulez suivre leurs évolutions dans le feuillage, car la nonnette est agile entre les plus agiles. Elle dépasse de beaucoup la grande charbonnière ; seule, la mésange à longue queue, moins forte, mais plus légère encore, pourrait lui disputer la palme de la rapidité. Jamais petit oiseau ne fit plus folle dépense de vie. Aucun mouvement n'est difficile à la souplesse de ce corps nerveux et ailé. Elle s'accroche à tout, même au support fragile des feuilles. Elle se sert des moindres rameaux comme le gymnaste de sa barre ; elle s'y tient horizontalement par la force de ses deux pattes tendues, s'y suspend et, la tête en bas, court et sautille le long de la branche; puis d'un élan elle se retrouve dessus, plonge, se raccroche, se relève, replonge et ne cesse de se faire tourner et pirouetter. Quand elle a fait une prouesse, elle n'attend pas qu'on applaudisse pour continuer la représentation. C'est une succession ininterrompue de culbutes, d'équilibres, de sauts périlleux, de balancements, de tournoiements, d'audaces de voltige aérienne. Elle glisse et bondit de feuille en feuille, de branche en branche, de buisson en buisson, toujours piquant du bec, toujours appelant et chantant. Oh! les grands oiseaux, les maîtres du vol, ramiers, hirondelles, mouettes et frégates, vous qui planez dans le haut espace, vos voyages, vos beaux et rapides voyages, vos grandes chasses dans les·airs sont encore un travail; venez, contemplez la voltige de la nonnette : voilà le plaisir, voilà le jeu.

MÉSANGES

III

La Mésange Bleue

Ordre des Insectivores. Famille des Paridés. Genre Mésange. — Longueur : 12 centimètres. Le sommet de la tête, les ailes et la queue d'un beau bleu d'azur ; un collier d'un noir bleu, depuis le menton à la nuque, et un trait noir sur l'œil : les joues blanches, la poitrine jaune-citron. Deux nichées : la première au commencement de mai, de 9 à 12 œufs ; la seconde en juin. Les jeunes n'ont pas les belles couleurs des parents. La mésange bleue habite toute l'Europe à l'exception de la partie septentrionale.

BUFFON fait honneur à une mésange bleue, apprivoisée, d'un joli trait de tendresse maternelle. « Ayant mis dans sa cage, dit-il, deux petites mésanges noires, prises dans le même nid, la bleue les adopta pour ses enfants, leur tint lieu d'une mère, et partagea avec eux sa nourriture ordinaire, ayant grand soin de leur casser elle-même les graines trop dures. » Le même Buffon, d'accord avec les naturalistes modernes les plus autorisés, attribue aussi à cette espèce l'instinct féroce de la grande charbonnière, qui poursuit les oiseaux plus faibles, les tue et se régale de leur cervelle. Que faut-il en conclure, sinon que la mésange bleue a, comme nous, ses bons et ses mauvais moments, ses instincts généreux et ses appétits dépravés?

La mésange bleue est courageuse ou poltronne, selon les occasions ou les ennemis. Le nombre ne la rend pas plus brave. On en voit des vols considérables pris de panique au moment de quitter le bocage protecteur. C'est encore le faucon, le grand carnassier, dont la noire silhouette, toujours prête à se dessiner sur l'azur du ciel, hante comme un épouvantail l'imagination fébrile du petit carnassier. Le vol part, s'arrête et retourne précipitamment à ses cachettes. Les mauvais plaisants peuvent multiplier ces frayeurs. Ils n'ont qu'à jeter en l'air un mouchoir ou un bonnet pour affoler les pauvres mésanges. Mais si quelques-unes d'entre elles, en petit nombre, viennent à découvrir un chat-huant hors de son trou, ce n'est pas de terreur, c'est de fureur qu'elles sont folles. Elles ne connaissent plus le danger; elles sonnent la charge, vont droit au monstre, le poursuivent, le harcèlent et déchaînent contre lui toutes les meutes de la forêt.

Généreuse ou cruelle, poltronne ou courageuse, la mésange bleue est la mésange bleue, c'est-à-dire l'un des hôtes les plus gracieux de nos bosquets. Mais, peut-être, ne faut-il pas la voir au repos, malgré l'éclat de son plumage et le joli chaperon d'azur qui lui tient lieu de la coiffe de ve-

lours noir que portent la charbonnière et la nonnette. Plus grande que celle-ci, elle est moins
heureusement proportionnée. Ses pattes trop
courtes, sous un petit ventre rebondissant, son
épaisse encolure, sa tête triangulaire, ramassée
dans sa gorge, et la ligne noire qui lui va du collier au bec, passant par l'œil et coupant la figure
en deux, lui donnent un air plus inquiétant qu'a-
venant. On se demande ce qui peut bien se passer
dans cette tête. Il faut la voir en mouvement, la
voir frétiller et miroiter sous un rayon de lumière.
Quand elle saute de branche en branche, au haut
des arbres, elle ressemble à un canari échappé de
sa cage ; quand elle vole à hauteur de l'œil, étalant
l'azur de sa petite queue, pliant et dépliant l'éventail de son aile, on la prendrait pour l'oiseau bleu
que chantent les vieilles légendes. Elle sait aussi,
à la manière de la nonnette, pirouetter autour des
branches, comme pour montrer toutes les richesses de sa robe couleur du temps. Elle n'ignore
pas qu'elle est jolie, et elle profite de ses avantages ; elle en profite surtout quand certaines pensées de mariage la chatouillent au cœur et qu'elle
se sent embellir. Le fiancé, qui va devenir un
époux, déploie toutes les ressources de sa coquetterie et de sa beauté ; il se pose à côté de la belle,
la regarde d'un œil tendre, hérisse passionnément
son plumage, siffle, gazouille, roucoule, et soudain s'envole pour l'éblouir et la fasciner en pla-

nant au-dessus d'elle, les ailes étendues. En cette
saison d'amourettes, les mésanges bleues vivent
deux à deux; ensuite, elles ont famille, nombreuse et double famille, comme toutes les mésanges; enfin, elles se réunissent en sociétés et
forment des vols, qui vont courir le monde et
faire bombance. On la rencontre en toute saison
dans le voisinage des lieux habités, mais jamais
aussi bien établie, aussi bien chez elle, que lorsqu'elle en a fini avec les labeurs de la vie conjugale. Ce ne sont pourtant pas les fruits, les graines qui l'attirent, mais toujours les insectes, les
larves, les chenilles. Quand un vol de mésanges
bleues s'est emparé d'un cerisier ou d'un pommier, il n'en a pas pour longtemps à le nettoyer.
Toutes les branches, toutes les feuilles sont exa-
minées, dessus, dessous, en tout sens. Cette chasse
se fait en jouant et en sifflant, comme toutes les
chasses de mésanges, mais non sans précaution,
car ce jardinier charmant, auquel nous devons
chaque année une partie de nos récoltes, a peur
de rien gâter, et quand il fait au printemps la revue des arbres en fleurs, cherchant sa proie de
corolle en corolle, il sait, d'un bec délicat, piquer
le ver sans blesser le fruit.

MÉSANGES

IV

La Mésange à longue queue

Ordre des Insectivores. Famille des Paridés. Genre orite. — Longueur
14.5 centimètres. Tête blanche : deux traits noirs, moins larges chez le
mâle, courant de chaque côté de la tête et se rejoignant à la nuque. Le
dos noir, les épaules d'un roux vineux. Longue queue noire, bordée
de plumes externes blanches. Le dessous du corps d'un blanc rougeâtre. Deux nichées par an, en avril et en juin de neuf à douze œufs. —
On la rencontre dans toute l'Europe.

ENCORE une joyeuse mésange.

Elle rappelle la nonnette par la modestie de sa toilette : le noir, le gris, le roux et le blanc lui suffisent ; elle a aussi une jolie tête ronde, mais presque entièrement blanche, et le corps petit, très petit, mais avantagé d'une longue queue, élégante et fragile, qui lui donne un air d'importance et qu'elle tient droite en volant.

Elle n'est pas indigne, non plus, d'être comparée à la nonnette pour l'agilité ; elle regagne par la légèreté ce qu'elle a de moins en force. Elle n'a ni le coup de bec moins vif, ni le coup d'aile moins instantané, ni le mouvement moins perpétuel, ni moins de petits cris joyeux au milieu de ses évolutions capricieuses. Elle se suspend à un rien, s'accroche par-dessous aux nervures des feuilles, et glisse de l'une à l'autre en s'égayant par mille prouesses de voltige. Quand elle abandonne l'arbre qu'elle vient de dépouiller pour voler à un autre, et qu'elle franchit l'espace libre avec ses ailes frétillantes et sa longue queue rectiligne, on dirait une flèche qui passe et bourdonne.

A cette adresse triomphante, elle joint la douceur du caractère, l'aménité des mœurs, la tendresse conjugale, et une rare supériorité d'industrie. Son nid est un nid modèle. Le mâle en apporte les matériaux, savoir des tiges de mousse, des barbes de sapin, blanches ou noires, des fibres d'écorce de bouleau, des carapaces de chrysalides, des dépouilles de cocons et des écheveaux de fil d'araignée. Il est le pourvoyeur, la femelle est l'architecte. A leurs yeux, la condition principale d'un bon emplacement est d'offrir une assiette assurée. Ils choisissent de préférence l'aisselle d'une branche, ou de deux branches jumelles, afin qu'il y ait appui par-dessous et de côté. Dans le triage des matériaux qu'on lui apporte, la femelle n'a pas égard seulement à la solidité, mais aussi à la couleur. Ce nid a toujours la couleur de l'entourage immédiat, en sorte qu'on pourrait croire à un simple renflement d'écorce ou de mousse. Il faut y regarder de très près pour le découvrir. Les parois en sont tissées brin à brin. Plus épaisses vers le bas, elles s'amincissent à mesure qu'elles s'élèvent. Enfin le nid se ferme par-dessus, sauf une ouverture près du sommet; il prend alors la forme d'un œuf, qui n'a pas moins de deux centimètres en hauteur. Inutile de dire qu'on le tapisse en dedans d'un tendre duvet de laine et de plume. La porte en est étroite; mais, une fois entrés, les époux y ont largement place, avec leurs dix ou douze œufs, moyennant qu'ils redressent un peu cette queue démesurée, moins faite pour s'abriter dans un nid que pour s'étaler au soleil du matin. Il faut trois semaines pour achever ce petit chef-d'œuvre d'art et de patience, mais quel abri! quelle sûreté! quelle douce chaleur et quelles bonnes nuits y passe le couple amoureux, le mâle couvrant de son aile la femelle blottie à ses côtés!

Les délices du nid et de la vie à deux ne les empêchent point de trouver plaisir à la société de leurs semblables. La mésange à longue queue est de toutes les mésanges celle qui développe au plus haut degré l'instinct social commun à plusieurs espèces de la famille. Le jour, aux heures de chasse et de promenade, elles s'appellent, se réunissent en nombreuses compagnies et partent joyeusement. Quoique l'épervier soit aussi leur épouvantail, et qu'elles fuient se cacher sous les buissons les plus épais aussitôt qu'elles aperçoivent un point suspect, elles savent l'oublier quand rien ne les en fait souvenir, et s'abandonner à la

joie de vivre, de se poursuivre, de se devancer et
de s'exciter les unes les autres. C'est de quelque
bois de chênes qu'elles sortent le plus souvent. Il
vaut la peine de se mettre en route avec elles et
de les suivre. Leur plumage blanc, rayé de noir,
jette une lueur à chaque battement des ailes. Elles
se posent ensemble, sur l'arbre le plus voisin de
la forêt, et tout aussitôt les voilà batifolant de
feuille en feuille, sans oublier leurs utiles fonctions de jardiniers nettoyeurs. Mais l'instinct vagabond ne leur permet pas de longues haltes. La
plus impatiente donne le signal, elles partent
comme elles sont venues, pour aller s'abattre sur
un second arbre et y batifoler de nouveau. D'arbre
en arbre, de prairie en prairie, elles font le tour
des villages dont le clocher pointu perce entre les
dômes des noyers séculaires. Cependant il en est
qu'une proie tente et retient. Une minute suffit
pour qu'elles soient séparées de la compagnie:
Alors, ce sont des cris d'appel et de détresse. Le
pauvre oiseau perdu vole à quelque belvédère haut
placé, tel que la cime d'un grand poirier, et des
yeux et de la voix il interroge l'horizon; s'il n'a
rien découvert, il cherche une cime plus haute
encore, quelque flèche de peuplier, et n'a de repos
que lorsqu'il a rejoint l'escouade voyageuse, qui
ne s'attarde pas pour les traînards. Je laisse à penser combien est doux le sommeil côte à côte sur
une vieille branche moussue.

MÉSANGES

V

La Mésange Noire

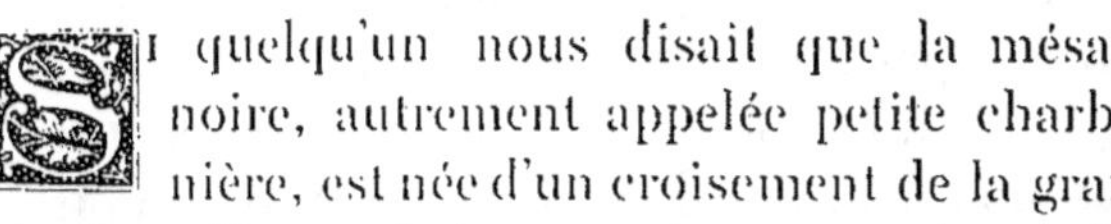

Ordre des Insectivores. Famille des Paridés. Genre Mésange. — Longueur : 10,8 centimètres. Le dessus et le dessous de la tête, ainsi que le cou, d'un beau noir : les joues et la nuque, d'un blanc vif : le dos, les ailes, et la queue, d'un gris cendré : le ventre, d'un blanc jaunâtre, sale : les pieds, gris de fer. Une tache blanche à l'extrémité des couvertures de l'aile. A la fin d'avril et en juin, cette mésange fait une nichée de six à huit œufs blancs, ponctués de taches rousses. Elle habite toute l'Europe centrale et septentrionale, une partie de l'Asie et l'Amérique du Nord.

Si quelqu'un nous disait que la mésange noire, autrement appelée petite charbonnière, est née d'un croisement de la grande charbonnière et de la nonnette, nous n'en serions pas trop surpris, car pour la taille et pour le plumage elle forme l'intermédiaire d'une espèce à l'autre. Elle a généralement la coloration sobre de la nonnette, mais avec des reflets soyeux sur les ailes, qui rappellent les tons éclatants de la grande charbonnière ; de celle-ci, elle a le collier de jais et la joue blanche ; de celle-là le capuchon de velours noir, avec le voile jeté sur la nuque, mais un voile blanc comme la joue au lieu d'être

noir comme le capuchon, ce qui donne à sa petite
tête brillante, forte aussi pour le corps, une expression singulière, un air décidé et mutin. Rien
n'indique d'ailleurs que ce soit réellement un hy-
bride ; on ne la rencontre pas accidentellement,
ce n'est point une rareté ; c'est un petit oiseau très
commun, qui a sa physionomie et ses mœurs par-
ticulières et que tous les naturalistes envisagent
comme formant une espèce très distincte. — Vou-
lez-vous faire connaissance avec la mésange noire ?
allez dans les vieilles forêts les plus épaisses,
celles où le sapin domine, vous aurez bien mauvaise chance si vous n'y entendez pas, dans la
hauteur du feuillage, des voix qui s'appellent et
s'entre-répondent : *Sitlü! Dutti! Dutti!...* C'est le
cri de notre mésange, qui, seule entre ses sœurs,
se fait une patrie des retraites les plus obscures.
Les autres hantent les bosquets, les vergers, parfois les bois clairs et feuillus ; la mésange noire
est la mésange du sapin. Comment s'est fait entre
les diverses espèces le partage des goûts, des
mœurs, des demeures? Ceci est une grave question, pleine de difficultés et de ténèbres, où la
science commence à jeter quelques rayons épars
et douteux. En attendant qu'elle l'ait résolue, le
poète et le sage restent frappés des harmonies que
la nature offre à leurs regards. S'il est une mésange
qui soit faite pour le sapin, pour égayer cet arbre
sévère, c'est sûrement la mésange noire.

Elle est facile à entendre, mais difficile à voir, à cause de sa petite taille et du mystère dont elle s'entoure. Quand elle niche, on l'aperçoit sur la cime des arbres, dans les clairières découvertes. Elle n'a pas l'habitude, en effet, de bâtir son nid aux lieux qu'en d'autres temps elle hante de préférence. C'est aux grands chênes qu'elle aime à le confier, dans un feuillage où pénètre un peu plus de jour qu'au milieu de la chevelure des conifères. Comme elle adore les amandes, on peut aussi la voir, au moment de leur maturité, campée sur une pomme de pin, qu'elle dépouille en sifflant. Elle est charmante quand elle voltige, soit à cause de la prestesse de ses mouvements, qui sont, de tout point, ceux d'une mésange, presque d'une rivale de la nonnette, soit à cause des couleurs tranchées de sa tête, de ce noir vif, de ce blanc éclatant, qui se meuvent sans cesse avec une extrême rapidité et produisent des effets d'optique imprévus, des illusions de kaléidoscope. Mais il faut avoir l'œil fin et une grande habitude de découvrir et de suivre les oiseaux pour observer un vol aussi dérobé. Pour le promeneur ordinaire, la mésange noire n'existe que par l'animation qu'elle donne à la forêt. Elle la peuple, elle la remplit de son agilité et de sa grâce sémillante. Pst! un mouvement par-ci, un frôlement par-là! toujours quelque chose qui bouge, toujours des frissonnements, des frémissements, des tressaillements, et partout

des voix joyeuses, partout des notes cristallines
qui publient la gaieté de ce peuple invisible, perdu
dans les hautes branches. Pour lui du moins, la
forêt n'engendre pas la mélancolie, et cette joie
expansive se communique à l'homme, dont l'imagination troublée verrait peut-être, sans cette
douce compagnie des oiseaux sans souci, se dessiner dans l'ombre les yeux menaçants de quelque
fantôme importun. En fait d'yeux de fantôme, la
mésange noire ne connaît que ceux du chat-huant,
du terrible chat-huant qui mange les œufs des
oiseaux plus petits. Mais elle n'en a pas peur.
Comme la mésange bleue, elle pousse au monstre
tout en appelant ses compagnes, et il ne faut pas
longtemps pour que le tapage soit grand dans la
solitude des bois.

La mésange noire est l'amie du forestier, dont
elle nettoie les sapins et les chênes. On lui pardonne les quelques graines de pin qu'elle picote,
et dont il n'y a guère disette, en faveur de tous les
insectes nuisibles dont son bec vigilant purge
l'écorce des arbres. Cependant l'existence ne lui
est pas toujours facile. En hiver, quand il fait
froid et qu'il neige, la pitance est maigre parmi
les sapins. Aussi l'expérience l'a-t-elle rendue
prévoyante. Elle fait des provisions qu'elle cache
dans les fissures des troncs. L'écureuil en fait autant, le geai aussi : véritable instinct d'habitant
des bois. La mésange noire garde cet instinct

quand on la met en cage. Elle cherche encore des cachettes dans sa prison. Mais avec sa vive imagination de petit oiseau, il lui prend sans cesse des inquiétudes mortelles, et, comme l'avare, elle va cent fois par jour s'assurer que quelque voleur n'a point surpris son trésor.

MÉSANGES

VI

La Mésange Huppée

Ordre des Insectivores. Famille des Paridés. Genre Lophophane. —
Longueur : 12 centimètres. Tête blanche, le front varié de noir et orné
d'une charmante huppe mobile. Le dessus du corps, brun-grisâtre ;
le dessous, plus clair, gris-jaunâtre. La mésange huppée dépose dans
une cavité tapissée de mousse, de lichens, de poils, huit à dix œufs
pareils à ceux de la mésange bleue. En juin elle pond de nouveau six
à huit œufs. On rencontre la mésange huppée dans toute l'Europe
moyenne.

E curieux oiseau — mésange huppée, —
comme l'appelle le peuple, ou Lophophane
huppé, comme disent les ornithologues —
n'est pas très connu parce qu'il n'est pas très commun ; mais on ne l'oublie guère quand une fois on
l'a vu de près, tant il a de physionomie, avec sa tête
à larges bajoues claires, se détachant sur un
collier noir, et son front tacheté de noir et de
blanc, pareil à un damier en éventail, et sa huppe
originale dont la pointe se dresse comme un
cimier. Toutes ces mésanges ont des têtes étonnantes ; celle dont nous parlons maintenant a
mieux qu'une tête, elle a un visage, et l'on ne peut
s'empêcher de penser qu'il doit naître de curieuses

LA MÉSANGE HUPPÉE

idées dans la petite cervelle qui se cache sous ce
front armorié et sous cette aigrette provocante.
C'est un visage, et même un visage expressif, qui
a quelque chose de sérieux et de bouffon, d'effaré
et de malicieux.

Les mœurs de la mésange huppée ressemblent
à celles des autres espèces, particulièrement à
celles de la mésange noire, dont elle égale presque
l'agilité et avec laquelle elle ne craint point de
partager, au besoin, les refuges des vieilles sapinières. Elle vit à peu près exclusivement d'insectes, surtout de coléoptères, de papillons et d'œufs
de papillons. Si elle était plus répandue, elle
serait aussi un des hôtes les plus utiles des bois.
On ne la rencontre pas volant en grandes troupes;
il y en a trop peu ; mais elle a aussi l'instinct
social très développé, et, pour le satisfaire, elle
entre en arrangement avec d'autres oiseaux, tels
que le roitelet, le grimpereau, la sittèle. Elle joue
même un rôle important dans les explorations de
leurs caravanes à travers les labyrinthes de la
forêt. Il semble qu'on lui reconnaisse une sorte
d'instinct supérieur. — Ce n'est pas pour rien
qu'elle porte huppe. — Du moins a-t-on souvent
remarqué que lorsqu'il y a une de ces jolies
mésanges dans une escouade d'oiseaux en promenade, c'est elle qui mène la bande. Elle sert de
guide. Son cri d'appel est assez retentissant pour
être entendu de toute la troupe, qui le suit avec

docilité. C'est une roulade caractéristique, un *it-zerrrr* accéléré. N'ayant pas d'autre cri, elle s'en sert pour tout exprimer : l'amour, la peur, la joie, la colère ; mais elle l'accentue différemment, et l'on n'a pas de peine à reconnaître le sentiment qui l'agite. C'est, nous l'avons vu déjà, un talent qu'ont la plupart des mésanges, de varier l'intonation et l'expression de leurs appels uniformes. Chez la mésange huppée, ce talent frappe d'autant plus que son vocabulaire est plus monotone.

Quoique ce gentil oiseau vive éloigné de nos demeures, l'homme ne lui inspire aucune frayeur, ce qui vient, peut-être, de ce qu'il le rencontre moins souvent. Il s'en laisse approcher sans manifester de crainte, et peut même, à l'occasion, renoncer à la forêt pour camper sous les yeux de quelque amateur d'ornithologie, protecteur des petits oiseaux. L'un des deux auteurs de ces notices, celui qui tient le pinceau, en a fait l'expérience : « J'eus un jour, dit-il, la chance, de voir arriver une paire de mésanges huppées dans mon jardin. C'était en avril. Elles y firent non seulement des visites d'inspection, mais encore, ce qui m'étonna beaucoup, elles entrèrent dans un nid artificiel suspendu à une branche de prunier, précédemment habité par des rossignols de muraille et de grandes charbonnières. Ce nid, que j'avais confectionné moi-même, était très convoité. Dans ce même temps, il fut l'objet des entreprises de

deux rouges-queues, et les petites mésanges, qui
avaient pour elles le droit du premier occupant,
eurent de la peine à s'y maintenir. Je crus un moment qu'elles abandonneraient la partie. Enfin,
après une quinzaine de jours, il se trouva rempli
de six jolis œufs blancs, pointillés de taches de
rouille. Pendant douze jours le mâle sortit seul ;
dès lors, j'entendis chaque matin, de plus en plus
distinctement, le ramage des petits. Je n'y tenais
plus. A bout de patience, j'escalade mon prunier,
et voilà qu'au moment même où je me penche sur
le nid, un, deux, trois, quatre, cinq, six oisillons
me passent sous le nez. La sortie était prématurée.
Trop faibles pour voler, ils tombent à quelque
distance dans l'herbe. Craignant qu'ils ne deviennent la proie des chats, je cours chercher une cage
et je me mets à leur poursuite. Quand ils furent
tous dans la cage, j'en fermai la porte et la sus-
pendis en lieu sûr. Quelques instants après je vis
arriver les parents, qui passèrent entre les barreaux et leur apportèrent à manger, comme si de
rien n'était. Le lendemain, je dus m'absenter. A
mon retour, le soir, la cage était vide, et toute la
petite famille piaillait sous les grandes feuilles
d'un marronnier voisin. Un seul, hélas! le sixième,
le Benjamin, n'avait pas été aussi gaillard que ses
frères. Oublié ou non, il était mort. »

MOINEAUX

I

Le Moineau Friquet

Ordre des Granivores. Famille des Passéridés. Genre Moineau. — Longueur : 14,5 centimètres. Le sommet de la tête brun, la joue blanche ornée d'une tache noire, une tache noire également sous le bec; le dessous du corps d'un gris jaunâtre clair; le dos et les ailes marron, chaque plume portant une tache noire. Chaque année deux ou trois couvées de cinq ou six œufs de couleur et de dessin fort différents.

LE moineau est-il utile ou nuisible? La question est fort discutée. Il a deux titres à notre reconnaissance : d'abord il mange beaucoup de petits insectes, c'est même d'insectes qu'il a coutume de nourrir sa progéniture ; ensuite il est grand dévoreur de hannetons. Dans la saison favorable, le hanneton est son gibier par excellence ; il le saisit au vol ou posé ; en deux coups de bec il lui fait sauter les élytres, et pour le reste, quelques bouchées suffisent. Ces services sont assez grands pour qu'on puisse pardonner au moineau des villes ses façons cavalières, ses querelles et ses piailleries. Ceux qui habitent la campagne ont le tort de faire une grande consommation de grains.

Comment établir la balance des profits et des pertes ? Le compte n'est point facile ; aussi le moineau a-t-il ses partisans et ses adversaires. Peut-être s'il avait le don de plaire, aurait-on plus d'indulgence pour les peccadilles que lui fait commettre la faim.

Plaisant ou déplaisant, le moineau n'en est pas moins curieux à observer. On ne peut guère admettre qu'une espèce d'oiseaux soit sortie des mains de la nature pour peupler de ses colonies les places de marchés et les quartiers poudreux des villes les plus affairées. S'il y en a qui y ont élu domicile, on doit croire qu'ils ne l'ont fait que peu à peu, et que, pendant un temps nécessairement long, une suite de siècles, ils ont vécu comme si la race d'Adam ne devait pas naître ou ne devait bâtir ni bourgades ni grandes villes. Il en est comme de certaines espèces de plantes, l'ortie, la mercuriale, qui suivent l'homme partout, qui sont un indice presque infaillible de sa présence, mais qu'il n'a sûrement pas créées et qui ont vécu avant lui et sans lui. Les mœurs du moineau, parasite de nos demeures, ne peuvent donc s'expliquer que par une appropriation graduelle aux conditions d'existence que lui offrait le voisinage de nos maisons. Que faisait-il lorsqu'il n'avait ni coins de murailles pour se loger, ni balayures de rues pour y chercher sa pitance ? C'est ce que l'imagination peut, sans doute, se figurer, mais ce que nous ne saurons jamais d'une science certaine, car il n'y a sur ce point d'histoire aucun document consultable. Cependant, si l'on voulait supposer avec de grands naturalistes, que deux espèces aujourd'hui distinctes peuvent fort bien ne l'avoir pas toujours été, il deviendrait possible de trouver dans la nature quelques renseignements sur la manière dont s'est opérée la transformation des mœurs du moineau. On en connaît, en effet, plus d'une espèce. Les deux principales sont le moineau friquet et le moineau franc. Si l'un a subi plus que l'autre l'influence de causes perturbatrices, c'est assurément le second, qui a maintenant lié sa destinée à celle de la civilisation humaine et qu'attirent de plus en plus les quartiers populeux, riches en débris. Le moineau friquet serait un moineau resté à mi-chemin de l'évolution dont son frère des villes a parcouru le cercle entier ; au lieu du moineau citadin, ce serait le moineau paysan. Quant au moineau primitif, au vrai moineau sauvage, il aurait disparu. Ceci n'est qu'une hypothèse, mais elle semble plausible. En tout cas, elle indique bien la différence de mœurs entre les deux espèces.

Les naturalistes positifs, qui ont peur de se laisser prendre aux pièges de l'apparence, distinguent entre le caractère et la figure des êtres vivants. L'habit pour eux n'est qu'un habit. Les artistes, plus impressionnables, devinent le caractère par

la physionomie, et hardiment concluent de l'une
à l'autre. Ce n'est point une méthode, c'est un don
d'intuition ; mais les abus que peuvent en faire
ceux qui se piquent de l'avoir ne prouvent pas
qu'il ne faille ajouter aucune foi à ceux qui l'ont
réellement. Présentez à un physionomiste un moineau friquet et un moineau franc, dites-lui que
l'un de ces oiseaux habite la ville et l'autre la campagne, et tout aussitôt il vous dira quel est le citadin et quel est le campagnard. Comment s'y mé-
prendre ? A ton air bonhomme, petit moineau
friquet, moineau des haies, comme on t'appelle
aussi, tu trahis ta champêtre origine. Elle est
écrite de même sur ton plumage. Cette coiffe de
milaine rousse qui te recouvre le dessus de la tête,
ce n'est pas à la ville que tu te l'es procurée. Et
ces pattes basses, ce dos arrondi, ce menton replet,
cette queue qui s'écourte, comme les pans, mesu-
rés au plus juste, d'un habit de paysan : tout cela
ne vient pas des magasins à la mode. Le citadin,
ton frère, n'est pas plus richement vêtu ; il l'est
moins, au contraire ; sa robe plus terne, traînée
dans la poussière, n'a pas les tons chauds de ta
rousse milaine ; elle ne s'en accorde que mieux
avec les airs allurés et débraillés de ce gamin des
rues, sans toilette ni respect. A défaut du plumage, on te reconnaitrait à ton babil modeste, à tes
appels rustiques, qui n'ont rien sans doute de très
musical, mais qui, doux et tranquilles, ne rappel-

5

lent point le bruit des trottoirs et les piailleries des écoliers mutins.

Si l'on veut épier les mœurs très simples de cet honnête campagnard, il faut aller en été sur les lisières des champs et des bois ou dans les prairies plantées de vieux arbres. Peut-être verra-t-on pendre des brins de paille ou de foin à l'entrée de quelque trou que le temps a pratiqué dans le tronc d'un vieux pommier ou d'un érable à l'écorce rugueuse. Là est le nid du friquet, un pauvre nid, fait des débris de la grange prochaine : une couche de paille, doublée d'un mince duvet de plumes. Plusieurs ménages habitent parfois le même tronc, et souvent d'autres oiseaux viennent augmenter et varier la population de la colonie. Tous les nids s'emplissent et l'on couve en famille. On va aussi picorer en famille dans les chemins du voisinage, où passent bœufs et chevaux, et faire bombance dans les champs, en dépit des épouvantails auxquels le laboureur a confié la garde de ses moissons : on s'habitue au monstre inoffensif. Belle saison pour les friquets que celle où l'épi verdoie, et où le grain juteux s'emplit d'un lait succulent. L'abondance règne ; on les voit gais et repus, et leurs rares querelles sont vite apaisées. Ils ont d'ailleurs le caractère plus heureux que le moineau franc : ils ne pensent pas que les chicanes soient l'entretien nécessaire et le pain quotidien de l'amitié. Mais l'hiver s'annonce. Les petites

graines sont rares et le friquet fait maigre chère.
L'idée ne lui vient pas d'émigrer au midi : le paysan n'est guère voyageur ; il ne songe pas non plus
à aller chercher fortune dans les grandes cités ;
mais il se rapproche des fermes et des hameaux.
Et voilà, sans doute, la tentation qui peu à peu a
fixé le moineau citadin sur les pas de l'homme, et
du village l'a conduit au faubourg et du faubourg
à la ville. Ah ! friquet, mon ami, prends garde, tu
suis le chemin de ton frère ? Et toi aussi, veux-tu
déposer la milaine ?

MOINEAUX

II

Le Moineau Franc

Ordre des Granivores. Famille des Passéridés. Genre Moineau. — Longueur : 15 centimètres. Le mâle a le dos et les ailes d'un brun de rouille ; chaque plume est d'un jaune clair ou même rouge sur les bords et noire au milieu. La tête est grise : les joues, particulièrement cendrées, sont encadrées d'une bordure marron. La gorge est grise avec une tache noire. La femelle beaucoup plus décolorée, n'a pas de tache noire à la gorge. Les jeunes ressemblent à leur mère. Le moineau a jusqu'à trois nichées par an, ordinairement de cinq œufs colorés très diversement.

JE serais curieux de savoir ce qu'on dirait du moineau franc s'il était parmi nous le seul représentant du monde des oiseaux. On ne se bornerait pas, je le pense, à admirer l'agilité de son vol ; on trouverait du charme même à sa voix ; on serait indulgent pour son humeur querelleuse ; on citerait son nid informe comme un exemple de l'industrie animale, et les poètes parleraient à l'envi de son plumage varié. Auraient-ils tort ? Non. Oubliez tout ce qu'à d'autres espèces a prodigué la nature, et dites si le duvet gris de cette tête ronde n'est pas aussi fin que charmant, si chacune de ces plumes du dos et de l'aile, diversement colorées, plus claires au bord, plus sombres au milieu, passant du jaune ou du roux au brun ou au noir, ne sont pas de petits chefs-d'œuvre; dites enfin si cette joue cendrée n'est pas coquette avec sa bordure marron, et s'il est possible de voir un petit œil plus éveillé? Mais comment ne pas comparer, lorsque tout nous y invite? Qu'est-ce que le vol du moineau en présence de celui de l'hirondelle, sa voix à côté de celle de la fauvette, son nid si l'on songe à celui du chardonneret, son plumage auprès de celui du pigeon, de la huppe ou du bouvreuil, sans parler du paon et du colibri? Pauvre moineau, c'est la comparaison qui l'écrase.

Quels que soient ses défauts, il lui reste un mérite : il est lui-même. Le moineau franc est un type, le type de l'oiseau qui s'est mêlé à l'homme et ne s'est point donné. Tout ce qu'on en peut dire découle de là. Ce n'est pas des demeures isolées qu'il s'est constitué le commensal : il n'en est plus à cette première audace; il a passé de la ferme au village, où quelques-uns sont restés; puis du village à la ville où il croît et multiplie : le moineau franc est un enfant de la rue, hôte assidu des halles, des places de marché, des faubourgs et des carrefours. Il s'ennuie dans la solitude. Il n'a plus le moindre goût pour les voyages; la promenade même lui paraît un plaisir vulgaire; bon pour les paysans, pour le cousin friquet; il a son

quartier, sa rue, sa place ; c'est son théâtre et il ne
s'en éloigne pas. Il y vit en public, au milieu de
la foule et faisant foule lui-même. Ses amours ont
perdu tout mystère. En présence de témoins qui
piaillent d'aise plutôt que de jalousie, il célèbre
ses noces sur les trottoirs, dans les gouttières ou
sous les tables de quelque jardin buvette. Puis il
amasse en hâte les matériaux d'un mauvais nid,
que trahissent au dehors de longues pailles pendantes. Toute place lui est bonne, pourvu qu'elle
soit à l'abri de la pluie et des chats. S'il peut
voler le nid d'autrui, c'est encore mieux. Il n'est
pas rare que l'hirondelle trouve un moineau à
son domicile ; mais on sait comment elle s'en
venge, en murant le trou et faisant prisonnier
l'intrus. Le père et la mère couvent tour à tour ;
ils poussent l'esprit de camaraderie jusqu'à partager cette peine. A peine éclos, les petits sont in-
corporés dans la communauté, au bruit assour-
dissant de mille félicitations. Les mœurs des jeunes sont déjà celles de leurs aînés, sauf un
penchant marqué à chercher un abri pour la nuit
plutôt dans le feuillage des arbres que dans les
encoignures des murailles. Est-ce un dernier
reste, un lointain souvenir de l'instinct primitif ?
Leur éducation d'ailleurs n'est pas longue. L'exemple des parents leur a bientôt enseigné les feintes
et les roueries du gai métier de maraudeur ; il leur
a bientôt appris à visiter les ordures éparses sur

LE MOINEAU FRANC

le pavé, à discerner les bonnes aubaines et à choisir le moment. Choisir le moment : c'est le grand
art! Le moineau le pratique avec autant d'audace
que de ruse. L'aile à demi pendante, il sautille
sans avoir l'air de rien, comme flâne le gamin po-
lisson, les mains dans ses poches. Aucun regard
ne trahit sa secrète pensée. Puis, pst.... il fait un
demi-tour, happe la proie convoitée et disparaît :
c'est le temps d'un clin d'œil. Ces manèges sont
curieux à observer dans les colonies d'oiseaux
aquatiques, de cygnes, de canards, qu'entretiennent les villes où il y a de l'eau. C'est là qu'il fait
bon se constituer parasite! Et dans les jardins
zoologiques! Rien de plaisant comme de voir le
moineau enlever à l'ours ou à l'éléphant la friandise qu'on vient de leur jeter et qu'ils flairent déjà
du museau ou de la trompe. Et son air goguenard,
quand le tour a réussi et qu'il fait bombance à
vingt pas! Dans les jardins où il guette une treille,
il sait fort bien attendre que le patron ait disparu,
il redoute les pièges. A force de vivre avec
l'homme, il est devenu très défiant. Aucun oiseau
n'est plus difficile à prendre. Ce n'est pas comme
le friquet qui, avec sa bonhomie campagnarde,
va donner droit dans les panneaux. Mais dans la
rue, où il sait bien qu'on n'a pas le temps de s'occuper de lui, le moineau franc n'a peur de rien.
Le tourbillon est son élément; entre deux voi-
tures qui passent, il visite une ordure et ne lâche

prise qu'au moment où il va être foulé par les chevaux. Mais gare au rival qui lui enlève le morceau qu'il se réservait ou qui lui joue quelque autre tour! Car ils s'en jouent entre eux comme ils en jouent à autrui. Leurs querelles sont violentes et publiques, comme leurs amours. Avec un tapage infernal et des cris et des luttes corps à corps, ils se roulent dans la poussière, sous les roues des chars : la rage, parfois, leur fait oublier la prudence. Puis, quand on a bien piaillé, bien maraudé, et qu'on s'est bien querellé, on se réunit le soir aux lieux d'assemblée, dans les arbres, sous les toits, dans les vieux lierres qui tapissent les murs, et l'on clôt la journée par un charivari universel.

Ainsi vivant, le moineau pullule, grâce à ses trois couvées par an. Encore le génie de la rue : multiplier, sans mesure ni souci! Cependant si les affaires allaient mal, si la ville se dépeuplait, il faudrait bien que la race des moineaux diminuât à son tour. Son industrie est liée à la nôtre; il y a solidarité entre l'homme et son commensal; mais il faut un certain temps pour que, de l'un à l'autre, les actions et réactions se produisent. Rien n'indique que maître Pierrot ait déjà souffert de la stagnation générale dont se plaignent nos fabriques et nos magasins. Cela pourra venir. En attendant, il continue à multiplier.

PINSONS

I

Le Pinson des Ardennes

Ordre des Granivores. Famille des Fringillidés. Genre Pinson. —
Longueur : 15.5 centimètres. Le mâle a la tête et le dos d'un noir de
jais superbe ; en automne, surtout chez les jeunes, ce noir est en
partie caché par les extrémités jaune-brun de chaque plume ; les
plumes s'usent pendant l'hiver et les mâles, surtout les vieux,
deviennent superbes. La gorge, la poitrine sont d'un orangé clair qui
se colore en tons admirables sur l'épaule. L'aile est d'un noir profond, mais chaque plume est bordée d'un liseré jaunâtre, allant du
blanc presque pur à un roux assez foncé. La queue est noire aussi
avec des liserés clairs. Le croupion et le ventre sont d'un beau blanc
de neige. La femelle se rapproche beaucoup du pinson ordinaire
par son dos brun, son aile plus brune et sa poitrine plus rousse. Le
cou est cendré très clair avec deux bandes noires descendant depuis
le sommet de la tête. Le pinson des Ardennes a sa seule nichée à la
fin d'avril ou en mai, elle se compose de cinq œufs verdâtres tachetés
de brun. Son nid est presque aussi artistique que celui du pinson
ordinaire.

ET oiseau est un de ceux qui attirent aussitôt l'attention quand on a la bonne fortune
de le rencontrer. Il se reconnaît de loin au
rouge orangé de sa gorge, que relève le blanc pur
du ventre et du croupion. Vu de près il n'est pas
moins remarquable. Les plumes du front et du
dos, façonnées comme de petites écailles marbrées, s'appliquent les unes sur les autres de manière à former un dessin régulier ; celles de l'aile

sont richement coloriées, d'un noir sombre, avec
une bordure d'or et de pourpre. Je ne dirai pas
qu'il soit plus beau que le pinson ordinaire, avec
sa gorge rosée : mais il a plus d'éclat, il frappe
davantage.

Au reste, il y a peu de rapport entre les deux
espèces. Le pinson de notre pays est un ami du
printemps et des fleurs ; celui des Ardennes préfère les fleurs du givre à celles que voit éclore le
mois de mai. Il semble avoir reçu pour mission
d'égayer ces contrées ingrates qui ne connaissent
qu'un soleil oblique et pour lesquelles la belle saison n'est qu'un sourire passager. En été, il habite
la Norvège, la Finlande, et les bords de la mer
Blanche ; il pousse vers le pôle aussi loin que vont
les terres. Il n'y cherche pas même, de préférence,
les versants bien exposés, où se hasarde un reste
de culture ; il aime les lieux sombres, plantés de
pins rabougris, les dernières forêts des savanes
glacées où va mourir la végétation. C'est là qu'il
niche, là que la race multiplie, avec une fécondité
qui prouve qu'elle ne souffre nullement de la disette. Peut-être l'abondance relative dont le pinson jouit sous ces âpres latitudes provient-elle du
fait qu'il y trouve moins de concurrence. Les
oiseaux des plages n'en sont pas une ; il n'a pas
à partager avec cent espèces rivales. D'ailleurs, il
est agile et vigoureux ; les nuits sont courtes et les
jours longs ; il chasse en grand, embrassant de

vastes étendues de pays dans ses expéditions quotidiennes, et, grâce à la force de son bec, il perd peu de temps à dépecer les graines dont il se nourrit.

Cependant l'hiver approche, le sol se couvre d'une neige épaisse, et le pinson du Nord, comme on devrait l'appeler, ne trouve plus de quoi vivre. Il se réunit alors en troupes innombrables, et se dirige vers le Midi. Il chemine par étapes. Quand il nous arrive, l'hiver règne déjà sous nos latitudes. Il n'en établit pas moins ses quartiers dans les lieux montagneux, dans les hautes forêts solitaires. L'instinct de la race semble être de défier les frimas et de ne reculer devant eux qu'en disputant le terrain pied à pied. Il faut un hiver tout à fait mauvais et prolongé pour qu'ils se décident à descendre dans la plaine, à moins qu'ils ne poussent plus loin, vers le Sud. Quelquefois ils se répandent dans le pays, et se mêlent à d'autres oiseaux, aux pinsons ordinaires ou aux verdiers. Le paysan peut les voir alors, en regardant par la vitre gelée, venir picorer sur les tas de marc de raisin. C'est leur friandise. Mais le plus souvent ils restent réunis dans quelque grand bois, où ils trouvent encore des faînes et des cônes de sapin. Partout où passe et séjourne un de leurs vols, ils font événement à cause de leur nombre. Ces multitudes d'oiseaux, qui viennent quand les autres s'en vont, ont de tout temps frappé l'imagination

populaire. Ils annoncent, dit-on, la guerre, la famine, une calamité générale. Dans l'hiver 1869 à
1870, ils s'abattirent par milliers de milliers en
Lorraine, en Alsace et dans toute la vallée du
Rhin ; aussi, quand la guerre éclata entre la
France et l'Allemagne, on ne manqua pas de dire
que les pinsons avaient été bons prophètes. Leurs
cris, — un cri aigre et rauque qu'ils poussent en
volant, — ne contribuent pas peu à leur réputation de sorcellerie. La magie, toutefois, ne les
empêche point d'être un bon manger ; aussi en
fait-on de grandes destructions. Dans le pays de
Weissembourg, on les chasse de nuit, aux flam-
beaux et à la sarbacane. La lumière les affole, et
ils ne savent plus ce qu'ils font. Buffon affirme
qu'en 1765, dans les forêts de Saarbourg, on en
tuait des quantités, chaque nuit, à coups de gaule.
On cite beaucoup de cas semblables, attestés par
de bons témoins. L'un des auteurs de cet ouvrage
a pu en observer un campement dans cette fameuse année 1870. C'était dans le Jura bernois,
dans une forêt de sapins, de plusieurs kilomètres
carrés, où ils s'établirent pour une quinzaine de
jours. Elle en était si remplie que d'un seul coup
de filet, dans les buissons, on pouvait en prendre
plusieurs. L'approche d'une lanterne mettait une
telle confusion dans ce peuple ailé que le bruit en
devenait effrayant. Le matin, ils s'envolaient tous
à la fois ; ils s'écoulaient dans les airs, comme un

fleuve compact, et cela durait près d'une heure. Le bruit de leurs ailes était semblable à celui d'une grande chute d'eau. On en prit beaucoup. Tous étaient gros et gras. Comment font-ils pour vivre quand ils volent ainsi, en immenses colonnes serrées, et s'abattent ensemble dans les mêmes lieux de refuge ? Ils devraient bien donner leur secret à nos généraux, qui ont tant de peine à nourrir les petites armées qu'ils mènent à la guerre. Celles des pinsons sont si nombreuses qu'au mois de février, lorsqu'ils reprennent le chemin du Nord, leurs légions ne paraissent pas avoir été diminuées par les razzias des chasseurs. Ce sont les mêmes fleuves dans les airs. Ils partent comme ils sont arrivés, ne laissant de leur passage qu'un souvenir qui hante longtemps encore l'imagination populaire.

PINSONS

II

Le Pinson ordinaire

Ordre des Granivores. Famille des Fringillidés. Genre Pinson. —
Longueur : 15,5 centimètres. Le mâle a le dos brun, la poitrine d'un
gris vineux, les joues plus rouges encore, le dessus de la tête de deux
bruns en automne, d'un bleu ardoisé au printemps, le croupion vert.
L'aile est noire, avec les petites couvertures d'un blanc pur et le bord
des grandes d'un blanc jaunâtre. La femelle est plus grise. Les petits
ressemblent à la mère. Le pinson a une couvée en avril, une seconde
à la fin de mai : les deux d'environ cinq œufs couleur aigue-marine,
tachetés très différemment de roux ou pointillés de brun foncé.

VOYEZ-VOUS cet oiseau dont la gorge rosée
brille entre les bourgeons verts prêts à s'épa-
nouir en corolles? C'est le pinson, notre
pinson, fils du printemps, hôte assidu des cerisiers, des poiriers, des pommiers et de tous les
arbres à fruits qui peuplent la prairie. Il n'est
point muet sur son rameau. De moment en moment il jette dans l'air une roulade qui retentit. Sa
chanson n'est pas longue : mais la note en est
vibrante, et il n'a pas moins de plaisir à la répéter
cent fois que n'en ont les maîtres de l'art à varier
leurs savantes mélodies. Dans tous les pays du
monde, le pinson est le symbole de la joie. « Gai

LE PINSON ORDINAIRE

comme un pinson ! » dit le proverbe, et vraiment il est difficile de se figurer une existence plus heureuse que celle de cet oiseau brillant, quand, au souffle de la brise printanière, il chante et voltige parmi les arbres fleurissants.

Cependant il y a pinson et pinson. On remarque entre eux de grandes différences de caractère, et les plus heureux ne laissent pas que de connaître aussi les luttes de la vie et les orages de la passion. Les uns sont sédentaires, d'autres émigrent. La femelle a l'humeur vagabonde. La plupart de ceux qui nous restent en hiver sont des mâles. On ne les voit guère en troupes qu'en automne. Ceux qui songent à faire le pèlerinage du Midi s'y préparent par des expéditions plus ou moins aventureuses, pour lesquelles ils se réunissent, sans former de grands vols. Les uns partent plus tôt, les autres plus tard. Leur passage dure deux longs mois, les escouades qui viennent de loin se succédant par intervalles. Au retour, même dispersion. Les uns poussent très avant vers le Nord ; les autres préfèrent nos climats tempérés ; mais partout les femelles n'arrivent que dix ou quinze jours après les mâles. Ceux-ci passent dans l'inquiétude ces jours d'attente ; ils se surveillent d'un œil jaloux et commencent à se donner la chasse. Là est évidemment le secret de l'humeur parfois peu sociable d'un oiseau qui semble né pour la joie. Madame est très coquette,

monsieur est horriblement jaloux. La distribution
par couples ne s'accomplit qu'après de longues
batailles. Ce mot de conquête, qu'a usé le langage
de la galanterie, est vrai à la lettre quand il s'agit
des amours du pinson. C'est chose facile, pour
peu qu'on y prenne garde, d'observer les péripéties
de ces drames innombrables, souvent tragiques,
qui se jouent chaque printemps sous nos yeux et
qui n'échappent qu'à notre inattention. La femelle
n'a l'air de rien. Elle se promène sur l'herbette, le
long des haies, dans les parcs, dans les prairies,
dans les jardins. Cependant elle sait bien qu'on
l'observe, et de temps en temps elle laisse échapper un petit cri très agaçant. Une brillante roulade
y répond du haut d'un arbre voisin ; une seconde,
une troisième roulade se font entendre plus loin,
et les chanteurs cherchent à se surpasser les uns
les autres. Ils ont la voix pure, retentissante, harmonieuse, et ils ne la ménagent pas ; chacun
aspire à être seul distingué. Soudain l'un des pré-
tendants s'abat sur la pelouse. Il est gauche,
d'abord, timide, étonné de sa hardiesse ; puis il
s'approche et commence à se pavaner aux yeux
de la belle, qui d'un air de suprême indifférence
continue à chercher sa pâture. Il hérisse et rabat
ses plumes, montrant et voilant tour à tour les
trésors de son galant costume de jeune et brillant
amoureux. Les plumes de dessous découvrent des
richesses cachées. Le bleu de la tête brille d'un

éclat métallique ; la poitrine devient de plus en
plus rosée ; les taches blanches de l'épaule jouent
comme un éventail ; l'œil noir étincelle comme un
diamant. Mais pendant qu'il s'ingénie à faire sa
cour, passe un rival, et une chasse effrénée commence. Ils se poursuivent de branche en branche,
d'arbre en arbre, sans trêve ni repos. Parfois ils
s'atteignent et se livrent, sur le sol, de furieux
combats, corps à corps. Il n'est point rare que
celui qui est attaqué se couche sur le gazon, pour
rendre coup de bec contre coup de bec. Plus souvent ils se battent à la manière des coqs, en position tous deux et se précipitant l'un contre l'autre
avec une frénésie aveugle. Les plumes volent, et
l'on a vu fréquemment le plus faible rester mort
sur le carreau. La jolie pinsonne assiste à ces
duels, sans cesser de sautiller et de picorer. Son
petit cri ranime au besoin la fureur des deux
rivaux. Le vainqueur, s'il n'est pas trop maltraité,
vient triompher auprès de la cruelle, qui lui accor-
dera peut-être quelque faveur passagère, mais qui,
avant de se donner tout à fait, laissera s'engager
encore de nouveaux et non moins terribles combats. Chez les pinsons, la plus belle est au plus
vaillant.

Pendant les heureuses journées qui suivent la
victoire décisive, quand les arbres et les prés se
couvrent de fleurs, le pinson assiste sa compagne
dans la construction du nid, qui devient en peu de

jours un petit chef-d'œuvre d'industrie, et reçoit bientôt des œufs charmants comme lui. Ce nid est un tissu de mille jolies choses, douillettes et chaudes : le tout recouvert de lichens toujours de la même couleur que celle de l'écorce des branches entre lesquelles il est posé. On a grand'peine à le découvrir. Ce ménage, dont l'établissement a été si laborieux, est tranquille et bien uni. Deux couvées se succèdent, en avril et vers la fin de mai. Les parents sont pleins de sollicitude pour leurs petits, qu'ils nourrissent encore quand les nids sont déjà vides. On les voit qui leur apportent la becquée sur les branches des arbres. Jeunes et vieux vont et viennent, chantent et sautillent. C'est alors que le proverbe a raison : rien n'est joyeux comme une famille de pinsons. La pluie seule les attriste ; ils la sentent venir, et l'annoncent par un chant particulier. Mais le moindre rayon ramène la joie. Chaque jour de soleil est jour de fête. Bientôt les petits sont élevés, et les pinsons se réfugient dans les bois pour échapper aux chaleurs de l'été. Ils n'y sont pas moins gais que dans les vergers fleuris. L'automne vient ; ils sortent des cachettes de la forêt pour entreprendre leurs migrations, et ainsi s'écoule leur vie, ramenant de printemps en printemps la douce et terrible saison d'amour.

LE VERDIER

Ordre des Granivores. Famille des Coccothraustidés. Genre Verdier. —
Longueur : 14,4 centimètres. La tête et tout le corps sont d'un beau
vert, mélangé en hiver de gris cendré sur les joues et le cou, passant
au jaune foncé sur la poitrine et le ventre et au jaune vif sur le croupion; l'aile est cendrée, avec une tache d'un jaune éclatant. La
queue noirâtre est aussi ornée de ce jaune. Le bec est au printemps
d'un beau rose. L'œil est brun foncé. La femelle est plutôt brun olive
et brun cendré, les taches jaunes de l'aile et de la queue moins brillantes et moins grandes. Le verdier dépose en avril puis en juillet,
dans un nid très bien construit, cinq œufs allongés et à fond gris d'argent, pointillés de rouge et tachetés de brun foncé vers le gros bout.

VERDIER, c'est-à-dire oiseau vert : la plupart
de ces noms populaires mettent heureusement en relief le caractère principal de l'espèce à laquelle ils se rapportent. Le vert est la couleur fondamentale du verdier, celle qui donne le ton
de sa toilette et en règle l'harmonie. C'est un vert
légèrement teinté de jaune, fait pour s'assortir
avec la tache d'un beau jaune citron qui sépare les
masses grisâtres des ailes et avec les filets de
même couleur qui font la bordure des grandes
plumes. Le verdier est le perroquet de nos bois,
un très petit perroquet, à peine plus gros qu'un
moineau. Les formes générales du corps, courtes,
ramassées, qui n'ont rien de délié, complètent

l'analogie, à laquelle contribue aussi la force du bec. Si ce bec était crochu au lieu d'être triangulaire, le verdier pourrait, aussi bien que le perroquet, s'en servir pour grimper en se suspendant aux branches. Tout ceci est vrai du verdier mâle, et l'est moins de sa femelle. C'est une remarque à faire sur presque toutes les espèces d'oiseaux, principalement sur ceux dont le plumage a de l'éclat, que la nature a mis entre les deux sexes une singulière inégalité. On peut le voir dans nos basses-cours, on peut le voir aussi chez les espèces qui vivent en liberté. Contrairement à ce qui se passe chez la race humaine, le don de la beauté accompagne le privilège de la force. C'est pour le mâle que le peintre s'est mis en frais. Il lui est arrivé, semble-t-il, ce qui arrive à certains artistes au génie laborieux, dont les idées n'atteignent pas du premier coup à une expression complète. La femelle n'est encore qu'une ébauche ; le type achevé, qui s'accentue avec l'âge, n'apparaît que chez le mâle. Les petits commencent par ressembler à leur mère, et ce n'est qu'en grandissant qu'on voit s'accuser sur le plumage les signes caractéristiques du sexe. A la première mue, la jeune femelle reste à peu près ce qu'elle était, tandis que son frère revêt la brillante livrée du père. Cette observation générale s'applique particulièrement au verdier : plus sombre, plus grise, d'un vert plus indécis, la femelle manque totalement de cette belle tache jaune qui sépare les ailes et fait la richesse de la toilette de son époux.

Le verdier habite la plus grande partie de l'Europe. Ceux du nord émigrent, ceux du midi sont sédentaires ; ceux de nos régions se bornent parfois, quand l'hiver n'est pas trop rude, à des voyages d'exploration ; quelques-uns, les vieux, restent fidèles à nos campagnes. On peut se demander si c'est un oiseau utile ? Il en est de lui comme du moineau. La question est de savoir si les dommages qu'il cause à l'agriculteur, en mangeant les graines de chenevières et des jardins potagers, sont compensés par les services qu'il rend, en faisant la chasse aux insectes pour nourrir ses petits. Nous sommes de ceux qui voudraient que la balance lui fût favorable, et qui, au besoin, prêcheraient l'indulgence pour cet oiseau tranquille, aux mœurs douces, et au plumage original. Il a, comme le moineau friquet, les habitudes d'un campagnard, avec quelque chose de plus réservé et de plus taciturne. Il se mêle moins aux autres oiseaux. En automne, cependant, au temps des graines mûres, les plaisirs de la cueillette lui font prendre goût à ceux de la société. On le rencontre alors dans la compagnie de joyeux pinsons, et le ménage qu'ils font ensemble ne laisse pas que d'être curieux. Ont-ils rencontré quelques hautes plantes de salade, d'épinard ou de chanvre, bien chargées de graines, les verdiers s'y suspendent et piquent du bec, tandis que les jolis pinsons sautillent sur le sol et happent les miettes qui tombent. Ainsi rien n'est perdu. Mais en toute autre saison, le verdier vit retiré, sans autre compagnie que celle de sa femelle et de ses petits. Il hante de préférence les bords des bois, les lieux bas et humides, plantés d'aunes ou de saules. C'est peut-être sur le saule qu'on a le plus de chances de le voir ; son plumage s'y confond avec la teinte du feuillage qui est de ce même vert léger où le jaune domine. Dans la morte-saison, quand le sol est chargé de neige, il s'approche des jardins et des vergers, mais sans jamais devenir le commensal familier des fermes et des basses-cours. Il se tient plus à distance que le rouge-gorge et la mésange. Il n'a pas l'agitation de la plupart de ces petites espèces, inquiètes et nerveuses. Il est sérieux, il est calme ; il se plaît dans l'immobilité : encore une ressemblance avec le grave et brillant perroquet. Il fait de longues pauses, perché sur un rameau. Son chant n'a rien de très distingué, quoiqu'il s'y mêle des notes vives et bien accentuées, et qu'on puisse l'améliorer par l'éducation. On peut même lui apprendre à parler, à prononcer quelques mots, plus ou moins distinctement: toujours le perroquet, le perroquet paysan ! Sa sauvagerie ne l'empêche point de supporter les privations de la captivité. En cage, comme en pleine nature, il s'anime et s'égaye au printemps. Son nid, très

bien fait, accompagné parfois d'un magasin aux
provisions, est ordinairement situé sur les branches basses des arbres, avec lesquelles il se confond. Souvent le verdier se sert de son bec pour
creuser et préparer la place qui doit le recevoir.
Le tapis intérieur en est très douillet, toujours
composé de matériaux de choix. Le mâle est bon
père et bon époux ; il partage avec sa femelle le
travail de la couvée. Il ne la quitte jamais pour
longtemps. Pendant qu'elle est assise sur les
œufs, il va s'ébattre plus haut ; il se plaît à voler
en rond au-dessus de la cime des arbres, en pu-
bliant son bonheur par de vives et allègres chansons. Mais le centre des cercles qu'il décrit dans
les airs est toujours le doux nid caché dans la
verdure, et lorsqu'il a donné l'essor à la joie de
son cœur de père, il plonge dans le feuillage et
vient pirouetter galamment autour de sa fidèle
compagne.

LA HUPPE

Ordre des Ténuirostres. Famille des Upupidés. Genre Huppe. — Longueur : 25,3 centimètres. La huppe a tout le haut du corps d'un blond vineux, plus roux à la tête et à la huppe, l'œil est brun foncé, les ailes et la queue d'un beau noir, taché de blanc ivoire. Elle n'a qu'une nichée en mai de quatre à six œufs allongés, variant entre le blanc verdâtre, tous les gris et le brun. La huppe n'est pas rare en Europe. On la rencontre aussi en Asie et en Afrique.

NOM juste et parlant ! La huppe est le plus huppé des oiseaux. Et cependant il ne faut pas croire qu'elle ait été ainsi baptisée à cause de l'ornement qu'elle porte sur la tête. Son nom, comme celui du coucou, vient de son cri : *hup ! hup ! hup ! hup !* — *Upupa !* disaient les Latins. — Et de l'oiseau ce nom a été transporté à la riche aigrette qui lui tient lieu de couronne. Ce n'est donc pas un nom commun devenu un nom propre, mais un nom propre devenu un nom commun, et ce nom propre, lui-même, n'est autre chose qu'une onomatopée, l'imitation du cri. C'est ainsi que, par une association d'idées tout à fait naturelle, un mot s'éloigne de son origine, et en quelques pas fait un long chemin.

LA HUPPE

Pour donner à cet oiseau le grand air qui le distingue, la nature n'a pas eu besoin d'assembler sur son plumage les couleurs étincelantes qu'elle a prodiguées aux perruches et à tant d'espèces du Midi. Elle n'est point sortie de la gamme qui convient à nos climats tempérés ; elle semble même avoir mis à s'y renfermer un soin particulier, comme pour démontrer par un exemple éclatant combien aux vrais artistes il faut peu de ressources pour produire de grands effets. Il n'y a pas le moindre fil d'or, d'azur ni de pourpre dans le tissu dont elle a fait sa robe ; le blanc est la seule couleur vive qui y brille par places, encore y est-il répandu avec parcimonie. Elle a composé une toilette de princesse avec une palette sur laquelle elle n'a voulu broyer que de l'encre de Chine et de la sépia. Une mantille claire, d'un gris fauve, tombe sur les épaules. Les ailes, séparées par une tache de neige, sont marbrées de noir et de blanc. Les plumes de la queue, longues et lisses, sont noir brillant relevé d'une tache blanche à la naissance. Et ce simple costume, au dessin large et pur, est porté par un grand corps, dont les formes, sveltes et riches, font ressortir une tête charmante, fière, haute, mobile, digne de porter couronne. Cette tête est d'un grand style : un œil, un bec, une huppe, rien de plus. Le bec est long, presque aussi long que la huppe est haute ; il est effilé, fragile, légèrement recourbé, et moins des-

tiné à blesser un ennemi qu'à piquer une proie
dans la boue ou dans la poussière : deux yeux
brillants et bien ouverts l'accompagnent comme
deux lampes pour l'éclairer. La huppe, faite de
belles plumes, larges, hautes, d'un roux doré et
coquettement terminées par une pointe noire et
blanche est le plus souvent rejetée en arrière, mais
toujours prête à se redresser et à se déployer en
éventail. La moindre émotion de colère ou
d'amour se marque par cette riche aigrette, qui
tressaille, frissonne, s'agite et s'étale ou se replie
tour à tour. Les plumes en sont vivantes ; elles
ont un langage, comme le geste, comme le regard,
et chacune de leurs crépitations trahit un mouvement de l'âme.

Dame huppe est une princesse. En a-t-elle toutes les qualités ? On dit que non, ou plutôt, si l'on
en croit sa réputation, ce serait une de ces prin-
cesses de théâtre meilleure à voir de loin que de
près. Elle passe pour un bel oiseau malpropre.
La vérité est que les insectes dont elle vit et dont
elle fait une grande consommation ne sont pas
toujours d'espèce noble. Il en est qui vivent dans
les immondices, et ce long bec a pour fonction
principale de les y piquer délicatement. Il est
encore vrai que la huppe est mauvaise ouvrière,
et que, soit paresse, soit manque d'art, elle ne sait
ni se construire, ni se creuser un nid. Il lui faut
des nids tout faits. Elle choisit dans ce but les cavi-

tés des troncs. Si le fond, comme il arrive souvent, en est recouvert de terre et de feuilles sèches, elle y dépose ses œufs sans autre formalité. Si les aspérités du bois s'y présentent à nu, elle y transporte quelques débris plus tendres, les premiers qu'elle trouve, et s'y fait ainsi, sans art ni peine, un lit toujours grossier. Tout va bien aussi longtemps qu'il ne s'agit que de couver ; mais lorsque les petits sont éclos, au nombre de quatre, de cinq ou de six, cette cachette profonde, dont ils ne peuvent gravir les parois, ne tarde pas à se transformer en un cloaque. Cela dure quelques jours, après quoi toute la nichée s'envole, et l'air et le soleil ont bientôt fait disparaître jusqu'aux moindres traces des souillures de ce berceau, dont un prodige d'industrie pourrait seul entretenir la propreté. Pauvre princesse, il lui manque des gens de service!

La huppe n'a pas, non plus, l'instinct de la société. Avec qui vivrait-elle? Il y a trop de différence entre elle et les autres oiseaux pour qu'elle puisse se plaire en leur compagnie, et quant à ses semblables, elle les fuit parce qu'ils lui ressemblent trop. Plutôt que de s'entourer de rivales, elle traîne solitairement sa grandeur. On ne voit jamais les huppes en troupes. Elles voyagent seules et quand elles nous arrivent, au printemps, elles se fixent par couples sur quelque lisière de bois, à portée des champs et des terres remuées. C'est alors qu'elles font admirer leur plumage. Le

7

mâle a des roucoulements magnifiques. C'est toute
une pantomime, faite de salutations et de révérences. Le frémissement des ailes et les tressaillements de cette tête huppée deviennent irrésisti-
bles. La passion est ingénieuse à se créer des lan-
gages, et celui-ci n'est pas le moins éloquent.
Malheureusement, il est rare qu'on puisse l'observer à loisir, car la huppe est un oiseau timide et
qu'un rien met en fuite. Elle n'a pour se défendre
que sa seule beauté, et cette arme ne lui inspire
pas une entière confiance. Quand elle aperçoit un
épervier dans les airs, elle se couche sur le ventre,
s'enveloppe de ses ailes, rejette la tête en arrière,
et n'en laisse voir que le bec, ouvert contre l'agres-
seur. Dans cette posture, elle est méconnaissable, et
c'est ce qui la sauve le plus souvent de son farouche
ennemi. Quand elle voit un homme, elle s'enfuit
et se cache dans l'épaisseur des bois. Si toutefois
on réussit à la prendre, et si on la soigne avec
intelligence, elle se laisse gagner le cœur et s'ap-
privoise. Elle reste craintive néanmoins, et ne se
rend qu'à la bonté. Chaque visage nouveau l'in-
quiète ; mais elle a mille grâces charmantes pour
témoigner sa reconnaissance à la main qui la
nourrit. Ainsi réduite en esclavage, la huppe est
encore une princesse ; le maître paraît le servi-
teur, et elle paye en faveurs, en familiarités pré-
cieuses, les services qui lui sont rendus.

LA GRIVE MUSICIENNE

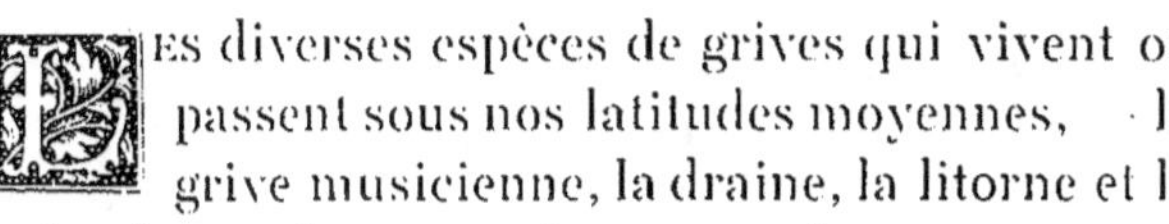

Ordre des Insectivores. Famille des Turdidés. Genre Grive. — Longueur : 21 centimètres. Le dessus du corps olivâtre; la gorge et le ventre blanc-jaunâtre, mouchetés de taches brun foncé. La femelle a les taches des couvertures de l'aile moins distinctes que le mâle. — En avril a lieu une première ponte de cinq œufs vert-clair, pointillés de brun-foncé. — L'incubation dure seize jours. La seconde couvée commence en juin. — La grive musicienne n'appartient guère qu'à l'Europe moyenne.

LES diverses espèces de grives qui vivent ou passent sous nos latitudes moyennes, — la grive musicienne, la draine, la litorne et la grive du nord ou mauvis, — ont des mœurs assez semblables. La première, la seule dont nous ayons à nous occuper, est la plus répandue ; c'est aussi la plus intéressante.

En été, on trouve la grive musicienne jusqu'en Suède et en Norvège ; en hiver, elle abonde en Italie, en Espagne et en Algérie. Il nous en vient, en France et en Suisse, du nord pour la mauvaise saison et du sud pour la bonne. Celles-ci sont de beaucoup les plus nombreuses. Elles recherchent la solitude des grands bois, où elles font leur apparition dès la fin de février. A peine la neige fondue, en mars, la grive musicienne célèbre ses premières noces de l'année. On les voit alors se poursuivre deux à deux. Entre les troncs moussus, passe une grive, rapide comme la pensée ; elle est aussitôt suivie d'une autre, qui se pose tout à côté ; elle repart, pour être encore poursuivie. À force de se poursuivre on s'atteint. C'est aux heures fraîches, avant ou après la chaleur du jour, que s'ébattent les couples amoureux. Le nid se fait, doux travail, que le mâle interrompt pour aller publier sa joie du haut des arbres de la forêt. Il choisit, de préférence, la cime du plus grand sapin, de manière à dominer la houle du feuillage et à jeter librement sa voix dans l'immense étendue. Debout sur une seule patte, il s'essaye, il prélude. Il commence par un signal, un coup d'archet ou de diapason ; puis se succèdent les sons, les gammes, les roulades, les variations nuancées. C'est d'abord un chant un peu saccadé, avec des reprises, comme si l'artiste s'exerçait. Il lui faut un moment pour développer tous ses moyens. Enfin, la voix prend des inflexions plus amples, plus moelleuses, et la grive s'oublie dans une improvisation débordante, où il y a moins d'art, mais, s'il est possible, plus d'âme et d'inspiration que dans celle du rossignol. Comme la plupart des oiseaux musiciens, la grive a son chant de vêpres et son chant de matines. Celui-ci est, peut-être, le plus entraînant de verve et de lyrisme. Il retentit dès avant l'aube, lorsque les étoiles tremblent encore au ciel et qu'il reste à la blanche anémone de longues heures à dormir dans les ténèbres de la forêt. Immobile sur son sapin, la grive a l'œil fixé sur les profondeurs de l'Orient, et de sa gorge qui se gonfle les mélodies coulent à flots. Elle ne compose pas une symphonie, comme fait le rossignol ; elle entonne un hymne, un hymne sans fin, l'hymne de la lumière et du réveil de la nature, l'hymne de l'aurore et du printemps. Elle est si belle, l'aurore ; il est si doux, le printemps ! Quel bonheur que de vivre, de voir renaître les fleurs, de respirer la brise attiédie, d'être éveillée la première et d'annoncer au monde la venue du soleil ! C'est plus qu'un bonheur, c'est une ivresse, c'est un délire. Schiller, dans son hymne *à la Joie*, semble s'être inspiré du chant de la grive et l'avoir traduit en paroles humaines. L'allégresse dilate ce petit cœur d'oiseau. Rien n'est trop grand pour lui. La grive chante comme si elle voulait embrasser l'univers et associer à la fête de ses noces la création et le Créateur.

S'il est un oiseau qui dût être sacré à tout homme bien né, c'est la grive musicienne, et cependant il n'en est guère qui soit l'objet de chasses plus impitoyables. Au printemps, de mars en juin, elle jouit dans ses bois d'une tranquillité relative, et il y aurait pour elle plus de repos si elle savait s'y confiner et se contenter des insectes, des larves, des chenilles qu'elle y trouve en abondance. Vers la fin de juin, quand la cerise rougit au bout des branches, la grive ne tient plus dans ses cachettes ; elle descend, par tombées, vers les prés plantés d'arbres, et ne regagne le gîte qu'à la chute du jour, à peine rassasiée. Cette première escapade ne tirerait pas à conséquence ; mais en octobre, la grive flaire le raisin parfumé, comme en juin elle a flairé la cerise, et elle s'en va faire vendanges. Gare alors au retour ! Les chasseurs l'attendent à la lisière des bois. Elle passe vite, car elle est défiante, et souvent elle doit son salut à la rapidité de son vol. Mais c'est à recommencer chaque jour. Au plomb du chasseur s'ajoutent les pièges de l'oiseleur, plus redoutables. C'est au travers de dangers sans cesse renaissants que la grive exécute son voyage d'automne au pays des olives, où l'attendent de nouveaux régals et de nouveaux ennemis en nombre toujours plus grand. C'est la punition de cet artiste gourmet : il devient lui-même un plat de gourmets. De vendange en vendange, sa chair est plus tendre, plus grassouillette, d'un goût plus exquis, comme si elle s'imprégnait de l'arome des fruits mûrs. Aussi voit-on les trappes, les rets et les coups de feu se multiplier sur son chemin.

C'était bien pis encore autrefois. Aux raffinements de la nature, les Lucullus du temps passé ajoutaient ceux de l'art. On élevait pour eux des grives par milliers. C'était toute une industrie, très répandue aux environs de Rome et dans les montagnes de la Sabine. Il y fallait des précautions infinies, non seulement pour amener ce gibier captif au point de perfection qu'exigeait un sybaritisme effréné, mais d'abord pour le sauver de la mélancolie des oiseaux prisonniers ; car la grive est encore plus friande de liberté que de fruits et de pâtes fines. On les réunissait en tribus dans d'immenses volières, qu'on plantait d'arbres et qu'on entourait de feuillage pour leur donner l'illusion de la forêt. On avait beau faire : plusieurs se laissaient mourir plutôt que de consentir à s'engraisser ainsi.

La grive n'a plus à redouter les volières de la Sabine. Mais que de victimes encore ! quelles hécatombes chaque automne ! Comment faire pour éveiller la pitié, non de l'oiseleur ni du chasseur,   il n'y a point là de pitié à attendre, mais de tant d'honnêtes gens qui contribuent, sans s'en douter, à la destruction de cet oiseau-poète, le plus poète des oiseaux ? Il y aurait un moyen, peut-être, un seul : ce serait de les faire lever avant l'aube et de les mener dans les bois entendre la grive chanter.

LE MERLE NOIR

Ordre des Insectivores. Famille des Turdidés. Genre Merle. — Longueur : 24 centimètres. Le mâle est tout noir, avec le bec et les paupières jaunes. La femelle plus grise n'a le bec jaune qu'au printemps. Les jeunes sont marqués de nombreuses taches rousses. Deux couvées par an de cinq œufs d'un bleu-verdâtre clair, parsemés de taches. — Le merle pond déjà à la fin de mars. Le merle est très commun dans l'Europe moyenne et dans tout le bassin de la Méditerranée.

ANTÔT caché au plus épais des bois, tantôt mêlé au tourbillon des villes, le merle est un oiseau énigmatique, qui a des enthousiastes et des détracteurs. « Un sot merle ! un vilain merle ! » ainsi parle la langue française. En allemand, c'est un grand éloge de dire de quelqu'un qu'il chante comme un merle. Même contradiction chez les poètes. Ceux d'Allemagne traitent le merle avec amitié et respect, en confrère. En France, il a au moins un ami, Théophile Gautier, qui en a dessiné le profil dans un de ses plus fins *Camées ;* mais, en général, la poésie française, fidèle à ses traditions citadines, n'a guère connu que le merle des rues. Elle en fait un personnage équivoque, même grotesque. Alfred de Musset n'a-t-il pas comparé ce gracieux chanteur à « un marguillier en train d'avaler une omelette. » Il est certain que le merle ne ressemble guère à la plupart des autres oiseaux. Son costume le désigne à l'attention : tout noir, d'un noir parfait, avec le bec et les paupières jaunes. Ainsi vêtu, il aime à sautiller sur la neige. Il a les mouvements brusques, le vol bas, court, en ligne droite; il ne voltige pas, il ne flâne pas dans les airs ; quand il ouvre les ailes, il a un but : il y va, s'y pose, et d'un double coup de queue, toujours le même, il semble dire : « M'y voici ! » S'il vole bas, il perche haut : près du sommet des arbres, sur les gouttières, sur les cheminées, sur les mâts de cocagne. C'est un oiseau agité et qui se déplace perpétuellement, mais le plus grave et le plus immobile de tous quand il chante. Epoux très fidèle et qu'on dit très passionné, il est souvent en guerre, même avec sa compagne, pour les morceaux. Chanteur sentimental, il est glouton et querelleur. Il n'y a pas jusqu'à la réputation gastronomique du merle qui ne soit contradictoire. « Faute de grives, on mange des merles, » disent les chasseurs, et ces mêmes chasseurs payeront fort cher un pâté de merles de Corse. Enfin, cet oiseau tout noir s'avise parfois d'être blanc. Le cas est rare, mais il y en a des exemples, principalement pour le merle à plastron, frère du merle noir, et qui, à l'état normal, en diffère déjà par une cravate de neige sur sa robe de jais.

Quelques-unes de ces contradictions s'expliquent par la nature. C'est la nature qui fait naître les albinos, c'est elle qui donne au merle son vaillant appétit, cette voracité qui ne le rend pas toujours bon camarade. Le rossignol aussi n'est-il pas gros mangeur? Dame! on s'épuise à chanter. Et qui donc chante plus que le merle? Il commence en février, parfois en janvier, et ne finit qu'à la mue, en juillet. Croit-on, peut-être, que le travail de l'artiste ne soit pas un travail? Voyez plutôt les hommes. Si un artiste mange du bout des lèvres, défiez-vous. Ceux dont la tête travaille le plus ne sont pas ceux dont l'appétit a le moins d'exigences. C'est aussi la nature qui fait que la chair du merle est bonne ou mauvaise, selon les temps et les lieux. Les merles jeunes vont en grand nombre passer l'hiver au Midi. La Corse est une de leurs étapes favorites; ils y vivent des baies aromatiques du myrte, qui donne à leur chair, déjà préparée par les régals de l'automne, sa délicatesse suprême. L'âge venu, le merle commence à trouver son aile un peu courte pour de si longues traversées. Il se fixe, il hiverne sous nos latitudes: c'est ce merle devenu sédentaire qui justifie le proverbe dédaigneux.

Souvent aussi ces contradictions sont exagérées par quelque influence fâcheuse. Les mauvais

exemples corrompent les talents et les mœurs. Le
moineau est bon garçon, sans doute ; mais il est
difficile de ne pas s'encanailler un peu dans sa
société. Et le tapage des rues, ce mélange de cris
et de bruits, et le grincement des girouettes, est-ce
une école pour un chanteur ?

Mais l'explication des explications est celle que
donnent la plupart des naturalistes, savoir que le
merle était un habitant des bois, des bois pro-
fonds, et que, par l'effet de causes malaisément
appréciables, il s'est peu à peu rapproché de
l'homme. On cite dans telle ville la date de son
établissement. Il s'est rapproché et non encore
donné. De là ses allures inquiètes et sa perpétuelle
agitation. C'est un oiseau dépaysé. A la rue, il
doit les façons hardies et la dégénérescence du
talent. Des bois, il tient ce sombre vêtement, et
cet amour pour les sapins massifs et les lierres
épais où, même dans nos jardins, il aime à cacher
son nid, et ce vigoureux coup de bec qui retourne
les feuilles mortes pour trouver les limaces et les
lombrics, et ces accès de sauvagerie défiante qui
le prennent encore au milieu de ses familiarités,
et cette fidélité à l'épouse choisie, et cette habitude d'aller chanter sur les hautes branches. Des
bois, du fond des bois solitaires, il tient cette poésie, solennelle et joyeuse, suave et profonde, qui
déborde dans ses chansons. Que dis-je, chansons ? Le mot est léger : ce sont mieux que chan-

sons. Le merle n'a ni la science, ni le brio du rossignol ; il n'a pas non plus les grandes fugues lyriques de la grive musicienne ; il a néanmoins un talent hors ligne, et je ne sais quel accent de conviction qui n'est qu'à lui. Lorsque, gravement posé sur la cime d'un arbre à peine dépouillé de givre, la gorge dressée, les yeux en haut, on le voit psalmodier si sérieusement, on se prend à croire à un sacerdoce. Il a la foi, cet oiseau drapé de noir ; il n'annonce pas le printemps, il le prophétise. C'est quelque prêtre d'un ancien culte ; il en suit le rite et quand il ouvre si bien le bec, c'est pour ne pas perdre une note de la litanie sacrée. Si la légèreté de ce siècle voltairien y trouve matière à raillerie, c'est qu'apparemment elle ne distingue plus entre le sacrificateur et le marguillier.

LE ROSSIGNOL

Ordre des Insectivores. Famille des Humicolidés. Genre Rossignol. — Longueur : 16 centimètres. Le rossignol est brun-châtain, avec la gorge et le ventre blanc sale. Queue rousse. La femelle, souvent difficile à distinguer, a les formes générales moins sveltes, le cou moins blanc. La couvée du rossignol est de quatre à six œufs d'un vert olive tachés de brun. L'incubation dure quatorze jours. — Cet oiseau habite l'Asie, l'Afrique septentrionale et l'Europe jusqu'en Suède.

ARTISTE, dit Michelet, le rossignol est un artiste !

Il ne l'est pas toujours. Huit ou neuf mois sur douze, il n'a que de petits cris, qui n'ont rien de musical. *K'à   K'à!... K'à   K'à!* disent les jeunes rossignols : *Krrr! Krrr!* répondent les parents, quand, vers la fin de l'été, parents et enfants voltigent de branche en branche. Ils sont très affairés ; ils chassent, ils font une grande destruction d'insectes, de mouches, de vermisseaux, auxquels ils adjoignent, comme entremets, quelques baies de sureau : ils prennent des forces pour émigrer. Septembre arrive, et les voilà partis. Ils cheminent furtivement, de nuit, solitaires ou par familles, se cachant dans les broussailles. Ils ne se dirigent point en ligne directe vers le Sud, comme font les hirondelles ; ils cherchent plutôt l'Orient, les pays où naît le soleil, et c'est de l'Egypte et de la Syrie qu'ils nous reviennent au printemps.

Vers le commencement d'avril, les rossignols regagnent leurs quartiers d'Occident et se répandent en plus ou moins grande abondance en Italie, en France, en Allemagne. Les mâles arrivent les premiers. Ils viennent se choisir un lieu. Ils n'ont de goût ni pour les forêts épaisses, ni pour les pelouses nues. Il leur faut des bocages, des arbrisseaux, des vallons fleuris et bien arrosés, un mélange d'ombre et de lumière, et de riants paysages. Ils ne redoutent point la nature arrangée par l'homme. Les parcs qui existent encore à l'intérieur de Paris sont un des lieux du monde où il y a le plus de rossignols. Ce qu'ils redoutent, c'est d'être trop près les uns des autres. On les accuse même d'avoir le caractère mal fait, jaloux, tyrannique, et de ne supporter le voisinage d'aucune autre espèce d'oiseaux. Cela est vrai dans les volières, où ils déploient une humeur peu sociable et veulent toujours être servis les premiers. Mais il n'est pas bien sûr que ce soit un trait de leur tempérament naturel. La captivité, pour laquelle ils ne sont pas faits, les rend tristes et méchants. Ce qui est plus certain, c'est que ce petit oiseau est un gros mangeur. C'est un carnas-

LE ROSSIGNOL

sier. Comme l'aigle, comme le vautour, il se
réserve une aire de chasse. Quelques jours après
les mâles arrivent les femelles, et le peuple des
rossignols se distribue en couples. La nature semble avoir pris plaisir à rendre l'opération malai-
sée. Les mâles, dit-on, sont plus nombreux que
les femelles. De furieux combats accompagnent
ce double partage de la terre et des épouses.

Si l'on veut mettre un rossignol en cage, il faut
le prendre à l'arrivée, avant que les couples soient
constitués ; autrement le mari captif mourra de
tristesse, pendant que sa veuve se laissera conso-
ler par un de ces surnuméraires qui guettent les
places vacantes. On sait la vie de ces ménages
d'artistes. La femelle se fait un nid sur les plus
basses branches, ou même plus souvent à terre,
parmi les pervenches et les lierres rampants. Elle
le cache très habilement ; pour le reste, elle n'y
met ni grand art, ni grand luxe. Le rossignol est
bien trop bohème pour bâtir avec le sérieux des
races bourgeoises. Quelques feuilles forment la
charpente, la coque du nid : un duvet moins grossier tapisse l'intérieur. Cependant la femelle couve
ses œufs avec passion, avec d'autant plus de passion qu'elle ne fait, en général, qu'une nichée par
an. Elle ne les abandonne qu'à la chute du jour,
un instant, pour aller en toute hâte picorer quelques vermisseaux. Souvent elle s'absorbe si bien
dans son œuvre maternelle qu'elle n'entend pas

8

venir les nocturnes rôdeurs, la fouine, le renard, qui ne font qu'une bouchée de la mère et de ses œufs. Le mâle passe la journée à chasser ou à dormir. On prétend qu'il a le sommeil agité, comme s'il chantait en rêve. La nuit, il gîte sur une branche, à peu de distance du nid, et bientôt quelques notes annoncent qu'il n'en est plus au *Krrr! Krrr!* de l'automne. Le printemps est venu : le rossignol a retrouvé sa voix.

Beaucoup d'oiseaux ne font que jaser, siffler, gazouiller : le rossignol est le roi de ceux qui chantent. Est-il plus musicien que la grive ? Non, mais il l'est autrement. La grive ne se possède plus au haut du sapin : son chant est un alléluia. Celui du rossignol est une composition musicale, une symphonie. Le rossignol a d'ailleurs la voix plus exercée, plus étendue, plus vibrante, plus féconde en ressources variées. Nonchalamment perché sur sa branche, les ailes à demi tombantes, il ouvre largement le bec, pour que la note jaillisse plus pure. Il sait écouter ses rivaux et s'instruire à leur école. Il s'écoute lui-même. Il aime l'écho qui lui renvoie sa mélodie. Il sait aussi s'oublier ; il a aussi ses entraînements d'inspiration : il n'a pas le délire ; il a mieux, peut-être, l'extase.

C'est un grand avantage pour le rossignol que de chanter la nuit. Comme les vrais artistes, il **veut le silence, afin que chaque nuance ressorte,**

que chaque note soit entendue. Son chant semble
fait pour célébrer les magnificences et les voluptés des belles nuits de printemps. Parfois la lune
enveloppe d'une vapeur d'azur le bosquet parfumé
qui le couvre d'une ombre légère, et il s'inspire de
cette lumière éthérée, propice aux doux épanche-
ments : il a des mélancolies ineffables, des sou-
pirs, des tendresses infinies. D'autres fois, il semble ébloui des splendeurs du firmament ; la gloire
s'en réfléchit dans ses roulades perlées, et la note
scintille comme les étoiles au ciel.

C'est une croyance chez le peuple et chez les
poètes que le rossignol chante pour sa femelle,
pour lui plaire et lui abréger le travail de la maternité. L'illustre Buffon, dont on dit parfois trop
de mal, s'en est assez gauchement moqué. Il avoue
cependant que c'est l'amour qui fait chanter le
rossignol. Nous n'en voulons pas davantage. Qui
dit amour dit tout, et le préjugé poétique est amplement justifié. On remarque chez tous les oiseaux, dans la saison où s'emplissent les nids, un
épanouissement du talent. Ceux qui ne font que
gazouiller gazouillent avec plus de verve ; ceux
qui sifflent sifflent avec passion. Mais chez le rossignol la différence est plus grande que chez les
autres. Elle tient du prodige. Ce n'était qu'un
oiseau vulgaire ; avec l'amour lui vient le génie ;
l'amour en fait un artiste, le plus grand parmi ceux
dont la voix s'élève du sein des bois et des prairies.

LE ROUGE-GORGE

Ordre des Insectivores. Famille des Humicolidés. Genre Rouge-gorge. — Longueur : 13 centimètres. Le dessus du corps brun ; les joues et les côtés de la poitrine cendrés : la gorge rouge-orange ; le ventre blanc ; les jeunes, bruns avec une infinité de taches jaune-rouge sur le dos et sur la tête. La première couvée est ordinairement de cinq à sept œufs d'un blanc jaunâtre ponctués de roux. Le rouge-gorge est un habitant de l'Europe occidentale.

LE rouge-gorge nous arrive de bonne heure au printemps ; il s'installe dans nos bois et y monte aussitôt, avec sa douce femelle, son petit ménage solitaire. Sans les rets et la fouine, rien ne serait plus digne d'envie que l'existence du rouge-gorge. Il choisit pour sa demeure les endroits les plus frais, les plus verdoyants, si possible dans le voisinage d'une source. Il confie son nid aux basses branches, ou bien aux cavités des troncs et des blocs moussus. Il le bâtit avec grand soin, le tapisse d'un duvet moelleux et s'ingénie à le cacher. Souvent il le couvre de feuilles, ne laissant pour y parvenir qu'un passage dérobé ; d'autres fois, il le dissimule sous les géraniums aux fleurs roses ou parmi le feuillage serré du pain de

LE ROUGE-GORGE

coucou. Fidèles et jaloux sont les amours qu'abritent ces nids gracieux. Aucun autre couple n'est souffert dans le voisinage immédiat. Il faut à chaque famille son buisson, sa source, son petit parc de chasse. La vie n'est pas difficile au rouge-gorge, car le gibier abonde sous les fourrés humides et dans le voisinage des ruisselets. Aussi lui reste-t-il du loisir pour l'amour, le chant et le bain, ses trois passions. Il est un des premiers que l'on entende à l'aube ; quand il se tait, le soir, c'est que le rossignol va commencer. Il chante encore en juin et en juillet. Sa voix, sans doute, n'est pas comparable à celle des chanteurs nocturnes. Elle a du timbre néanmoins et du caractère. Son chant est vif, délié, tendre, avec des frémissements passionnés, qui lui donnent l'air et l'accent de la prière. Il chante tourné vers la lumière, qu'il contemple de son grand œil humide et noir, et son plumage se hérisse comme s'il était en proie à une violente émotion. Il y a de la ferveur dans les chansons du rouge-gorge : il y en a aussi dans ses amours. Deux fois en quelques semaines, le nid s'emplit, et bientôt toute une tribu d'oisillons voltige le long du ruisseau, où les parents vont se baigner en battant des ailes.

Fin chasseur, amant jaloux, voisin peu commode, du moins pour ses semblables, le rouge-gorge a la naïveté de ne pas compter l'homme au nombre de ses ennemis. En vain lui fait-on, sur-

tout au Midi, une chasse à outrance : l'expérience
des victimes ne profite pas à la race. Le rouge-
gorge aime à voltiger autour du passant; souvent
il accompagne le promeneur solitaire, avec un joli
manège, qui consiste à se poser à vingt pas devant lui, à l'attendre, à s'enfuir au dernier moment, à se poser de nouveau, et ainsi de suite. S'il
s'établit des charbonniers dans la forêt, il ne tarde
pas à leur rendre visite; il s'approche à petits
sauts de leur cabane de branches; il les suit, les
regarde, écoute leurs discours, picore les miettes
de leurs repas et tourne avec eux autour de la
charbonnière qui fume. Il y a plus d'une légende
sur l'amitié du rouge-gorge et du charbonnier.

Quoiqu'il se nourrisse essentiellement d'insectes, le rouge-gorge, comme la grive, aime les baies
sauvages. Aussi s'attarde-t-il parfois en automne.
Il a peine à quitter les belles grappes du sorbier.
Le moment du départ n'est point annoncé par des
conciliabules préparatoires. Cependant ils voyagent ensemble, multipliant les étapes, se dérobant
de bocage en bocage et profitant de l'obscurité
pour décamper du gîte. Au coucher du soleil, ils
montent de branche en branche, et un peu plus
tard, la nuit close, on les entend qui s'appellent
dans les airs. Quelques-uns cependant oublient
de partir et passent l'hiver dans nos climats. Ces
retardataires quittent les bois et s'approchent des
fermes et des chaumières; ils viennent picorer

dans les basses-cours. D'autres oiseaux font de même : c'est la loi générale, on se serre quand il fait froid. Mais le rouge-gorge y met une hardiesse particulière. Il vient comme s'il était à la maison. Il se blottit sous les toits, il se pose sur le rebord des fenêtres, il profite des ouvertures pour se glisser dans les greniers, parfois dans les chambres. Ce n'est point chose rare de rencontrer un rouge-gorge installé pour l'hiver dans une chambre de paysans, vivant de peu, sans peur ni indiscrétion, et payant les miettes qu'on lui donne par un ramage toujours charmant. Mais ce n'est jamais pour longtemps que le rouge-gorge se fait ainsi le familier de l'homme. Dès les premières brises attiédies, il lui ressouvient de la forêt, de la source, du nid caché sous le pain de coucou, et par la fenêtre entr'ouverte, il s'envole et ne revient plus.... à moins qu'en automne, il n'oublie encore de partir : alors, après quelques jours passés autour de la ferme, voyant la terre chargée de neige et se rappelant la chambre chaude, il ira frapper du bec à la vitre.

LE ROITELET HUPPÉ

Ordre des Insectivores. Famille des Paridés. Genre Roitelet. — Longueur : 8,8 centimètres. Le dessus du corps est verdâtre ; la tête, plus grise, est ornée d'une bande d'un jaune très vif, bordée de noir. La femelle diffère du mâle. Les petits n'ont pas de jaune sur la tête. Les deux pontes du roitelet ont lieu fin avril et fin juin et se composent de six à dix œufs d'un blanc jaunâtre pointillés de gris rougeâtre et qui sont couvés pendant treize jours.

———

DE tous les noms qu'a donnés le peuple à ses oiseaux favoris, aucun, peut-être, n'est mieux trouvé, aucun ne tombe plus heureusement que ce joli nom de roitelet. Comme celui de la fauvette, et plus encore, c'est une peinture en un mot. Une miniature de roi : tel est bien le roitelet.

Le roitelet est notre colibri d'Europe. Il est plus petit que la mésange nonnette. Le seul troglodyte, avec lequel on le confond quelquefois, approche de ces dimensions exiguës. Ce lui est une sûreté que cette extrême petitesse. Il passe au travers des mailles des filets et entre les barreaux des cages. Une feuille suffit à le dérober à la vue de l'épervier, et le chasseur ne peut guère le tirer avec le plomb qu'il emploie pour le commun des oiseaux. Un grain de grenaille est pour lui comme un boulet. Quand on le prend et qu'on le garde en chambre, malgré que la porte et les fenêtres soient exactement fermées, il disparaît ; il a toujours quelque cachette où s'engloutir.

La nature s'est accordé le plaisir de parer ce petit corps, d'en faire un de ses bijoux. Elle n'y a pas mis ces couleurs de feu qui ne sont possibles que sous le soleil des tropiques et qui font la gloire des oiseaux-mouches. Elle s'est contentée de celles qui conviennent à nos climats ; mais avec quel soin elle les a choisies et assorties ! Elle y a employé, sans doute, une de ses fées les plus habiles, heureuse marraine du mignon roitelet. Des écheveaux de soies fines et claires ont, pour ce tissu léger, marié leurs fils délicats. Il fallait une toilette d'enfant de prince : la voilà, gaie et brillante, et telle qu'elle devait être pour cette tête friponne, pour ce tout petit bec pointu comme une aiguille, pour ce tout petit œil au regard perçant, et pour cette grande toque d'or, bordée de noir, posée sur une rousse chevelure.

Un oiseau pareil semble né pour se faire admirer. L'existence qu'on rêve pour lui est à peu près celle du rossignol : l'hiver au Midi, le printemps dans nos bosquets. Il faut, sans doute, à ce petit-maître, comme dit Buffon, un entourage de choix, des massifs de verdure et de fleurs, toutes les élégances d'une terre parée, une galerie pour l'applaudir, et de brillantes toilettes que la sienne effacera. Eh bien, non ! On ne rencontre pas le roitelet près des villes et des villas ; il n'habite pas davantage les vergers et les prairies ; ce prétendu petit-maître n'a nul besoin des suffrages de l'homme ; c'est un enfant de la forêt, l'hôte le plus fidèle des antiques sapinières, et ce n'est pas un des moindres contrastes de la nature que ce brillant plumage créé pour cette ombre éternelle, et cet oiseau coquet pour ces retraites de cénobite.

Cependant il n'est pas impossible que le roitelet voltige sur la lisière des bois, ou qu'il descende à un groupe d'arbres plus jeunes. Quelquefois même, en automne, il sort de ses refuges, et va faire l'école buissonnière avec les folâtres mésanges. Il faut profiter de ces occasions, si l'on veut l'observer. C'est un petit oiseau infatigable, toujours en l'air, toujours babillant, toujours happant au passage les moucherons qui dansent avec la poussière dans les rayons du soleil. Son vol ressemble souvent à celui du sphinx de l'euphorbe, qui se soutient par la seule vibration de ses ailes devant les fleurs dont il convoite et pompe le nectar ; souvent il imite la voltige des mésanges, ses compagnes. Sa légèreté et la force relative de ses petites pattes lui permettent aussi de se suspendre aux moindres brindilles des branches, aux découpures des feuilles et aux pédoncules des fleurs. Il sait de même courir sous les rameaux, en s'accrochant de l'ongle aux gerçures de l'écorce. Parfois, il tournoie un instant devant la proie qu'il guette, un insecte, un puceron collé sous une feuille ; puis il se lance comme une flèche et l'enlève sans toucher la feuille, qui frémit à peine au passage. Mais ce n'est guère pour un long temps que le roitelet quitte les branches des hauts sapins. C'est là qu'est son nid, un nid rond, suspendu, une miniature, comme les œufs qui l'emplissent ; c'est là, dans l'ombre humide, qu'est fructueuse la chasse aux moucherons, aux tipules, aux phalènes ; c'est là qu'il est né, là qu'il s'est choisi une compagne ; c'est là qu'il aime et qu'il joue ; c'est là qu'il mourra. Est-ce par instinct de sauvagerie, est-ce par crainte qu'il s'en éloigne si peu et qu'il y revient toujours ? C'est peu probable, car il n'est point défiant ; il se laisse même approcher quand on le rencontre à portée. S'il y vit, c'est qu'il s'y plaît. C'est le lot qui lui est échu, la patrie qui lui a été assignée. Par la forêt, sans doute, ont commencé la plupart des oiseaux de nos campagnes. Plusieurs l'ont quittée, gagnés par les séductions du dehors. Le roitelet s'y est toujours si bien trouvé qu'il n'a pas jugé qu'il en dût sortir. On le voit à grand'peine dans les fouillis des branches ; mais on l'entend, et il n'en faut pas davantage pour s'assurer qu'il n'est guère de petit oiseau plus heureux. Ils y sont à l'ordinaire plusieurs ensemble ; ils vivent en famille ou en société, jasant, s'appelant, s'entre-répondant dans les hautes basiliques du feuillage. Et pourquoi ne seraient-ils pas heureux ? Le roitelet ne se doute point des fantômes dont l'imagination des hommes, toujours troublée par le remords, peuple l'obscurité des bois. On l'entend qui chante et siffle dans les jours les plus sombres, entre les rafales de l'ouragan et pendant que gémissent les troncs qui ploient comme des roseaux. Que lui peut la tourmente ? Son nid est solidement attaché aux branches qui le portent, et le moindre rameau le met à couvert. Quand on occupe si peu de place, on est vite en sûreté. Il ne craint rien, pas même l'hiver. Petit comme il est, il trouve encore sa pâture dans les ingrates saisons. Il y a toujours et partout de quoi suffire à sa table. Aussi est-il peu voyageur. Quelquefois il entreprend, avec la mésange, des tournées d'exploration ; quelquefois aussi il émigre : mais il nous en reste chaque hiver un grand nombre, et pendant que les rossignols sont aux pays du soleil, pendant que les fauvettes et les hirondelles campent aux plages africaines, pendant que les grives et les rouges-gorges vont se faire prendre au Midi par des oiseleurs sans pitié, le roitelet, fidèle à la patrie de ses amours, siffle et voltige encore dans les vieilles sapinières, et l'on voit jusque sur les montagnes briller sa couronne d'or, entre les stalactites de glace, les aiguilles de neige et tout ce feuillage de givre dont l'hiver habille les forêts.

FAUVETTES

I

La Fauvette des Jardins

Ordre des Insectivores. Famille des Sylviadés. Genre Fauvette. — Longueur : 14,3 centimètres. Le dos châtain, les ailes brun-noir, le ventre gris-jaune, la gorge presque blanche. Les ailes et le bec d'un gris plombé. Cette fauvette, très commune autrefois en Europe, y devient plus rare d'année en année. Elle ne pond guère qu'une fois l'an, quatre à six œufs d'un brun-clair marbré de gris et ponctué de brun.

UN des inconvénients de ces courtes notices, dont chacune se rapporte à une espèce distincte, est de nous obliger à des répétitions, qu'il serait facile d'éviter si nous pouvions décrire le *genre* avant de préciser les caractères de l'*espèce*. Voici, par exemple, des fauvettes, - celle des jardins, celle à tête noire et la grisette, — dont les mœurs ont tant de ressemblance que parler de l'une c'est parler des autres. Pour ne pas fatiguer le lecteur, en disant trois fois les mêmes choses, nous envisagerons ces trois notices comme faisant une suite et se complétant, ce qui nous permettra de consacrer la première à la physionomie de la fauvette, la seconde à son vol et à son chant, la troisième au détail de ses mœurs.

C'est une opinion commune que la fauvette n'a d'autres grâces que celles du chant, et que la beauté de sa voix rachète l'insignifiance de son plumage. Il est vrai qu'elle n'a ni or, ni pourpre, ni azur ; le préjugé populaire n'en est pas moins très injuste. D'abord, c'est un oiseau bien fait. Il a la grâce des formes. On dit qu'il est sujet, en cage, à devenir obèse. Une fauvette obèse ! Passe pour un moineau, mais une fauvette !.... La fauvette est l'oiseau svelte par excellence. Elle a le corps allongé, presque trop allongé, dans certaines espèces, l'aile bien prise, la gorge libre, la tête fine, l'œil vif et parfois remarquablement clair. La grisette surtout se distingue par son œil clair. De bec, elle en a ce qu'il faut pour vivre ; de queue, ce qu'il faut pour finir un joli corps d'oiseau : rien de plus. Elle n'a jamais l'air fatigué. Même au repos, elle garde l'attitude du mouvement. Penchée en avant, la tête haute et mobile, l'œil au guet, elle part sans élan ni réflexion : elle était prête. La nature du plumage ajoute à ces souplesses de pose et à la grâce de ces ports de tête : il est fin, menu, soyeux ; il s'applique au corps et en dessine tous les mouvements. Rien de bouffant, ni de chevelu. La couleur générale est une teinte fauve, ou plutôt fauvette, — ce nom est une peinture, — qui s'éclaircit sur la poitrine, surtout à la gorge, et s'assombrit jusqu'au brun sur la tête, le dos et les ailes. Pour tout ornement, un fin liseré clair aux plumes de l'aile. Telle est du moins la robe de la fauvette des jardins. Celles de la fauvette à tête noire et de la grisette, quoique très simples, n'ont déjà plus cette rigoureuse sévérité. S'il fallait choisir, je donnerais la palme à la plus modeste. Elle n'a pas ce qu'ont tant d'autres oiseaux, une parure, un costume : elle n'a qu'un vêtement. Elle ne veut être reconnue pour une fille de noble maison que par le bon goût d'une toilette tranquille. Ce genre de distinction est inconnu à ces espèces du Midi qui font montre, sur leur plumage, de tout ce qu'il peut y avoir de couleurs dans un rayon du soleil des tropiques ; il est également inconnu de ces pâles oiseaux du Nord qui, pour ne pas faire tache dans le paysage, endossent la livrée de leurs frimas ; c'est un type qui ne convient qu'aux pays où une lumière tempérée produit des harmonies douces et multiplie les effets reposants. Ces couleurs fauvettes, ces bruns qui n'ont rien de triste, ces gris légèrement dorés, développent, sous un ciel favorable, des nuances variées dont la modestie s'empare pour réaliser l'élégance parfaite dans la parfaite simplicité.

Oiseau bien fait, la fauvette est encore un oiseau bien élevé, ou plutôt bien né. Ces petits êtres ailés, nerveux, ont souvent l'humeur taquine et colère. Ils ne savent pas seulement jaser et chanter, ils

9

piaillent, ils criaillent, ils crient. Point de bruit discordant, point de chicane dans les bosquets de la fauvette. On peut s'y poursuivre et s'y exciter mutuellement, toujours par plaisir; on peut s'y faire des niches, toujours innocentes. Une querelle entre fauvettes n'est qu'un prétexte de plus à chansons. Elles ne fuient pas l'homme, elles ne recherchent point la solitude; elles aiment les ombres légères, les paysages gracieux, les haies vives, les bouquets de petits arbres. Elles se plaisent aux fleurs. Celle à tête noire ne quitte pas souvent, non plus que la grisette, les asiles champêtres aménagés par la nature; celle des jardins vient chanter sur nos terrasses, parmi le chèvrefeuille et le jasmin. En cage, malgré les accès de mélancolie qui la prennent dans la saison des voyages, la fauvette a pour ses compagnons de captivité des égards, des politesses qu'on ne trouve guère aux autres oiseaux. Elle ne demande point à être servie la première, comme l'impérieux rossignol; elle attend son tour pour boire ou picorer à l'auget, et ne dérange pas celui qui l'y a devancée. Tout au plus marque-t-elle, en s'approchant à pas discrets, son intention de prendre part au régal quand la place sera libre. Ces douces manières ne proviennent ni de faiblesse, ni de timidité, car la fauvette est polie envers les petits comme envers les grands; ce ne sont pas non plus de vains dehors : c'est un effet de nature. La fauvette n'est jamais de triste humeur. Elle ressemble aux enfants, elle ne croit ni au mal, ni au danger. Quand un péril la menace, elle s'en tire comme elle peut, très habilement parfois; mais quand c'est fini, c'est fini; elle n'y songeait point auparavant, elle n'y songe plus ensuite; elle joue, elle voltige comme si rien ne s'était passé; elle continue à charmer les autres et à se charmer elle-même par la gaîté de ses chansons. Comment ferait-on pour être méchant quand on est si content de la vie? C'est la joie qui la rend bonne, avenante à chacun, et sa politesse n'est que la bienveillance d'un cœur heureux.

FAUVETTES

II

La Fauvette à Tête noire

Ordre des Insectivores. Famille des Sylviadés. Genre Fauvette. -- Longueur : 14.3 centimètres. Le mâle a le sommet de la tête noir, la nuque gris-bleu, le dos gris-vert, les ailes et la queue brun-noir, la gorge presque blanche, ainsi que le ventre. La femelle est plus claire, et a le dessus de la tête brun. Les petits ressemblent à la mère jusqu'à leur première mue. Deux nichées chaque printemps.

LÉGANTE et svelte, la fauvette à tête noire est de celles à qui l'on pourrait reprocher d'avoir presque trop de finesse dans le profil de leur long corsage. La calotte noire ou brune, selon le sexe, qui lui couvre la tête, lui donne un faux air de mésange, ainsi que les teintes bleues ou vertes qui, sur la nuque et sur le dos, colorent sa robe grise. Mais si elle n'est pas vêtue avec la stricte simplicité de sa sœur des jardins, elle n'est guère moins modeste. Elle ne cherche pas les regards, et l'on peut l'entendre longtemps avant de réussir à la voir. Son séjour préféré est dans les bois clairs, dont le sol est couvert d'un fouillis d'aubépines, de ronces, de clématites et d'églan-

LA FAUVETTE A TÊTE NOIRE

tines. C'est dans ce fouillis qu'elle vit et se cache, passant avec une merveilleuse adresse, et sans y laisser de plumes, entre les tiges hérissées d'aiguillons.

Grâce à son corps mince et allongé, et à ses ailes bien dégagées, sinon très amples, la fauvette noire, comme toutes les autres fauvettes, glisse dans l'air avec une grande facilité. Au temps des migrations, elle se distingue parmi les fins voiliers de l'espace. Elle a le vol sinueux, mais rapide. En temps ordinaire, elle est toujours en mouvement. Chaque fauvette a son quartier, son coin de bois, qu'elle ne cesse de parcourir, ne faisant que de très courtes haltes, moins pour se reposer que pour picorer un fruit ou reconnaître un insecte. Sa manière de voltiger n'est pas de faire de la voltige, comme les mésanges ; elle voltige au sens propre du mot, se jetant par bonds d'un buisson à l'autre, en battant l'air des coups saccadés de son aile. Qu'est-ce qui la tient ainsi en haleine ? Est-ce la faim ou l'humeur folâtre ? L'une et l'autre, sans doute. Elle n'a jamais plus de verve qu'après les courtes pluies qui tombent dans les jours chauds de l'été ; alors, dit Buffon, « on la voit courir sur les feuilles mouillées et se baigner dans les gouttes qu'elle secoue du feuillage. »

Il faut qu'il y ait une provision de vie peu commune dans ce petit corps élastique, car la fauvette, — n'importe l'espèce — est un des oiseaux qui en font la plus grande dépense. Elle ne la dépense pas seulement par ce vol incessant, mais encore par un chant ou un gazouillement perpétuel. Aucun oiseau ne se fait plus entendre. Il est des fauvettes qui chantent toute l'année, sauf pendant la mue. Elles donnent en général deux grands concerts par jour : un dans la matinée, de huit à onze ; l'autre après midi. Elles sont capables de soutenir leur chant pendant un quart d'heure plein, sans arrêt, sans respiration apparente. La fauvette a même ceci de particulier qu'elle chante en volant. La plupart des oiseaux artistes se posent pour chanter. Ainsi fait le rossignol, qui reste immobile. On peut le voir, dans les volières, se coucher parmi le sable, à plat ventre, avant de laisser couler une note de son bec grand ouvert. C'est un maître, tout à l'œuvre sacrée, qui ne veut pas en être distrait par le moindre mouvement, par le moindre effort d'autres muscles que ceux qui agissent sur la voix. La fauvette n'y regarde pas de si près ; elle chante comme elle vole, de verve et pour le plaisir de chanter. Sa voix n'a pas la puissance de sonorité de celle du rossignol ; mais elle est flexible, douce, limpide, et forte au besoin. Elle n'a pas non plus le riche vocabulaire du rossignol. Ce sont des *didildi, didilda*, des *daïdi, daïda* et autres refrains de joie ; mais elle rachète cette moindre variété par les nuances infinies de la modulation. Parfois, la fau-

vette ne laisse échapper qu'un tout petit filet de
voix, comme si elle avait un secret à murmurer à
une oreille amie ; il faut s'approcher pour l'entendre : les ruisselets de la prairie ont peine à gazouiller plus doucement sur leur lit de sable et de
mousse ; puis elle s'anime, la note vibre et s'égaye,
avec des sons argentins et un timbre de flûte, pur
et velouté. Pour les notes les plus hautes, elle a
une sorte de voix de tête comme les bergers appen-
zellois et les chasseurs tyroliens, qu'elle rappelle
aussi par la gaîté de ses mélodies. La gaîté est
l'âme de son chant, consacré tout entier à la jeunesse, aux fleurs, à l'innocence, à ce printemps
éternel que le bon Dieu fait fleurir dans le cœur
des enfants et dans celui des petits oiseaux. Cependant, au mois de mai, saison des nids, il s'y
mêle un accent particulier, surtout chez celle à
tête noire. Les *piano* sont encore plus doux, les
forte ont plus d'éclat. Il n'est point rare alors que
la fauvette se pose pour chanter ; puis elle s'oublie dans un transport dont elle n'est plus la maîtresse ; les plumes de sa tête se hérissent, sa queue
se dilate et s'étale, et, comme enlevée par son
chant, elle continue dans les airs la roulade commencée, pour retomber, ivre d'amour et de joie,
auprès de sa timide compagne.

Grâce à la flexibilité de sa voix, la fauvette est
très habile à imiter le chant des autres oiseaux, et
c'est une disposition dont on peut tirer parti. Une

fauvette élevée avec un rossignol finit par chanter
à peu près comme lui. L'apprentissage se fait tout
seul, sans querelle ni jalousie : elle écoute et s'ins-
truit. Michelet parle d'un rouge-gorge qui voletait
en liberté dans son appartement, et qui fut pris
d'un terrible accès de fureur en apercevant un rossignol en cage, qu'on venait d'y installer. Il se
ruait contre les barreaux, ne demandant qu'à dé-
vorer le monstre. Nous savons une fauvette qui se
prit d'une amitié passionnée pour un rossignol,
son compagnon de captivité. Heureuse d'étudier à
son école, elle témoignait sa tendresse et sa reconnaissance en se couchant auprès de lui, aile contre
aile, et en caressant de son bec mignon le front
chevelu du voluptueux maëstro.

FAUVETTES

III

La Fauvette Grisette

Ordre des Insectivores. Famille des Sylviadés. Genre Fauvette. — Longueur : 14,3 centimètres. Tête et dos d'un roux cendré, un collier plus gris, la gorge blanche et brillante, la poitrine nuancée de rose, les pennes de l'aile et de la queue d'un brun sombre, les trois pennes qui recouvrent l'aile bordées d'un large liseré roux clair, le bec et les pieds couleur de chair, l'œil noisette très clair.

———————

CETTE gentille fauvette est aussi de celles dont la modestie s'accommode de quelques reflets plus vifs : elle a le dessous du corps plus blanc que celle des jardins, la nuque et le dos d'une jolie couleur cendrée et les plumes de l'aile bordées d'un liseré rouge-clair. Elle habite les mêmes lieux que la fauvette à tête noire, et elle ne contribuerait pas moins à les égayer si elle était plus répandue. Il semble que l'espèce tende à devenir rare. De bons témoignages font craindre qu'il n'en soit de même des fauvettes en général. Friderich, toujours si exact, affirme, dans son *Histoire naturelle des oiseaux*, que pour la fauvette des jardins la diminution est considérable.

Ce dont il faut s'étonner, c'est qu'il y ait encore des fauvettes, car leur genre de vie les expose à toutes sortes de dangers. Elles ont leurs migrations très régulières. Elles passent l'hiver au Midi, sur la côte africaine de la Méditerranée, quelquefois plus loin. Humboldt a entendu chanter la fauvette à tête noire au pied du Ténériffe. Elles ne se hâtent point de revenir; elles attendent que le printemps soit bien établi et la campagne fleurie. Les espèces les plus pressées ne devancent guère la mi-avril; celle des jardins ne se montre parfois que dans les premiers jours de mai. Elles cheminent une à une. Les couples se constituent dès l'arrivée ou très peu après. Elles mettent peu de soin à la construction du nid; les arts de la patience ne sont pas leur fait : elles ont trop besoin de mouvement. Elles se contentent d'une simple corbeille, en forme de coupe, dont le tissu, à l'extérieur grossier, est parfois si lâche qu'il a peine à tenir jusqu'au bout. Ce nid est ordinairement près de terre, à portée de la dent et de la patte des rôdeurs. La grisette est assez habile à le cacher; mais il n'en est pas de même de celle des jardins, qui en commence trois ou quatre et n'achève, d'ordinaire, que celui dont l'emplacement paraît le plus mal choisi. Cette dernière espèce ne fait guère qu'une couvée, à moins qu'il ne lui soit arrivé malheur; les autres en font deux de quatre à six œufs. Le mâle a pitié de sa compagne, condamnée, la pauvrette, à deux longues semaines

LA FAUVETTE GRISETTE

d'immobilité. Il la remplace pendant quelques heures, au milieu du jour. Lorsqu'un danger menace la couveuse, lorsque, par exemple, un passant vient à fureter trop près de son nid, elle se laisse tomber à terre, avec un cri plaintif; puis elle contrefait la blessée ou la malade, et, au moment où l'on croit la saisir, elle vous glisse entre les mains et disparaît dans le fourré. C'est son moyen de détourner l'attention. Souvent il lui réussit; mais si elle voit que le nid a été découvert, elle tient ses œufs pour perdus et les abandonne. Ainsi périssent de nombreuses couvées, sans compter ce que dévorent les fouines, les renards et les chats, surtout les chats. Un autre ennemi de la fauvette est le coucou, qui la choisit souvent pour la nourrice d'un de ses enfants. On dit qu'il est très difficile, presque impossible, de faire adopter à une fauvette en cage un œuf étranger. En liberté, elle ne reconnaît pas l'œuf du petit monstre qui, à peine éclos, jettera hors du nid la famille légitime. Le chant de la fauvette lui est aussi un piège; il la désigne comme une proie de valeur aux amateurs et aux fournisseurs de volières. C'est par milliers que périssent les fauvettes en cage. Quand vient l'automne et qu'elles rêvent voyage, elles s'agitent et battent les barreaux. Il faut des soins minutieux pour qu'elles traversent sans accident cette crise périodique de la captivité. Cependant, celles qui continuent à jouir de la douce liberté ne se refusent point les régals de la saison. Peu à peu les petites baies savoureuses remplacent les insectes, dont, au printemps, elles faisaient leur seule nourriture ; comme les grives elles s'oublient à festoyer, et il faut une blanche gelée d'octobre pour leur rappeler qu'il serait temps de partir. Cette nouvelle expédition se fait à la faveur des longues nuits, par familles ou petites compagnies. Pour avoir moins de mer à traverser, on profite des îles et des presqu'îles : on fait relâche en Italie, en Corse, en Espagne. Pauvres fauvettes ! Elles ne savent donc pas que leur chair est devenue bonne au goût, et que ces îles et presqu'îles sont peuplées d'impitoyables mangeurs de petits oiseaux. Il n'est ni beauté, ni talent, ni art, ni gentillesse qui trouve grâce aux yeux de ces barbares du Sud. Quoi de plus simple que de manger grives, alouettes, fauvettes et rossignols ! encore leur avoir fait

En les croquant beaucoup d'honneur.

Les vols arrivent plus que décimés. Néanmoins les voyageuses qui ont la fortune d'atteindre le port ne paraissent pas avoir rien perdu de leur bonne humeur. Les chansons recommencent, car la fauvette est toujours la fauvette, même au pays des figuiers et des dattiers. C'est le propre de cet heureux oiseau de conserver sa sérénité au milieu d'une vie qui n'est qu'une suite d'embûches, de périls et de deuils. Ce n'est point indifférence pour le malheur d'autrui, ce n'est pas légèreté de cœur. Elle aime ses frères et ses enfants, elle est très capable de se dévouer, elle est bienveillante à tous; mais elle ne compte avec la mort ni pour elle, ni pour les autres. Elle vit, et c'est aux vivants qu'elle est bonne. Qu'est-ce que vivre, sinon aimer, chanter, voltiger? Elle a reçu du ciel le don de la joie inaltérable, la suprême insouciance de cette gaîté que les anciens attribuaient aux seuls immortels. On dit que la fauvette se fait rare; mais cette race qui s'en va chante-t-elle moins pour cela? Si, ce qu'à Dieu ne plaise, elle devait s'en aller tout à fait, la dernière fauvette mourrait en chantant sa dernière chanson.

L'HYPOLAÏS POLYGLOTTE

Ordre des Insectivores. Famille des Phylloscopidés. Genre Hypolaïs.
Longueur : 13,5 centimètres. Oiseau d'un gris verdâtre dessus, d'un
beau jaune pâle dessous. Les grandes rémiges qui couvrent l'aile
sont bordées d'un large liseré blanc. Les pieds sont bleuâtres avec le
dessous des doigts jaune et les ongles bruns L'hypolaïs n'a qu'une
nichée annuelle. à la fin de mai, de cinq œufs en général. dont la
couleur fondamentale est un rose rougeâtre avec des points bruns.
L'hypolaïs est répandu dans toute l'Europe et surtout dans les contrées chaudes.

FRILEUX et délicat, l'oiseau qui porte ce nom
d'hypolaïs, un nom bien savant, est un
enfant du Midi, qui ne fait qu'une apparition dans nos contrées. Il retarde prudemment son
arrivée jusqu'à ce que le printemps soit bien établi ;
on ne le voit guère avant les derniers jours d'avril
ou même les premiers jours de mai ; il se loge parmi les arbustes en fleurs, dans les vergers et les
jardins ; il s'y fait un nid coquet, artistement tissé ;
il élève sa petite famille ; puis, dès le mois d'août, il
la réunit et repart pour des pays plus chauds.

C'est un oiseau élégant, bien vêtu et de fines
manières. Il porte sur les épaules un manteau gris,
nuancé de vert, lequel s'ouvre largement pour
laisser voir le long justaucorps jaune-paille qui lui

serre la gorge et la poitrine. La tête est intelligente, bien dégagée, plus fine encore que celle des fauvettes, avec une chevelure grise, qui se hérisse quand il chante. Le bec est mignon, rosé, orné de barbes noires à sa naissance ; l'œil est noir, petit, flamboyant.

La campagne est en pleine fête quand nous arrive l'hypolaïs. Les cerisiers, pour la plupart, ont déjà dépouillé la neige brillante dont ils se parent au printemps ; mais les poiriers et les pommiers, gloire de nos prairies, plient sous le poids des corolles blanches ou roses ; les lilas embaument les bosquets, et les mouches commencent à bourdonner autour des sorbiers. L'herbe est haute dans les prés, les plates-bandes des jardins sont autant de parterres fleuris, et les buissons de roses se couvrent de leurs premiers boutons. Depuis longtemps le pinson chante dans le feuillage, la fauvette suspend des nids ébauchés à tous les arbustes, et le merle, drapé de noir, psalmodie sur sa gouttière ; pour que l'orchestre soit complet, il ne manque plus que l'hypolaïs, qui, avec la souplesse de sa voix, viendra imiter tour à tour pinsons, merles et fauvettes, et se moquera d'eux tous en accommodant leurs mélodies à ses inépuisables pots pourris.

Car tel est le talent particulier de l'hypolaïs, talent dont veulent jouir tous les amateurs de pots pourris, et Dieu sait s'ils sont nombreux ! On se donne beaucoup de peine pour élever cet habile artiste, et le plus souvent on n'y réussit guère, car il y faut des précautions infinies. Un rien, et le voilà mort dans sa cage! Le froid le tue, l'odeur d'un poêle le tue, la fumée du cigare le tue, toute senteur infecte le tue. Il faut le traiter comme un enfant, l'environner d'une propreté exquise et ne lui faire respirer qu'un air toujours pur. Sa cage demande plus de soins qu'un berceau. Il s'en perd plus de vingt pour un qu'on mène à bien. C'est une barbarie, et il faut avoir peu de pitié pour rechercher des plaisirs qui font tant de victimes.

Cependant, je l'avoue, c'est une chose charmante qu'un pot pourri improvisé par l'hypolaïs. On peut n'être pas très amateur de ceux que composent nos musiciens, à tête reposée, pour les orchestres des cafés chantants : c'est un genre commun, le dernier des genres, si même c'est un genre. Mais qui donc oserait faire un crime à ce petit oiseau de s'égayer aux dépens de ses confrères et de leur dérober sournoisement leurs chansons? Regardez-le : il est sur sa branche de sorbier, caché parmi les feuilles; il se tient droit, sa gorge s'enfle, les plumes grises qui ornent le dessus de sa tête se dressent et s'agitent, et, sans interruption, pendant des heures, il chante de verve, mêlant les réminiscences aux inspirations originales et l'ironie à l'enthousiasme. Il commence par une sorte de jargon musical, sur lequel se détachent bientôt des strophes au rythme plus accentué. S'il rencontre un motif qui lui plaise, il le répète, il s'en fait un refrain, qui passe et repasse de couplet en couplet ; puis, tout à coup, sa voix prend un timbre nouveau ; il chantait, maintenant il se moque : voici la roulade du pinson, voici la flûte de la fauvette ; ceci est l'alto du merle, ceci la fugue de la grive... O rossignol, vous n'y êtes point épargné ; entre deux refrains de fauvette se glissent vos longues notes soutenues, vos points d'orgue retentissants. Mais le malin oiseau n'est pas encore au bout des surprises de son talent : il a des registres de voix humaine et il chante comme nous rions ; ce n'est pas Mozart, ce n'est pas Beethoven ; mais c'est quelquefois Paganini, et dans le savant tissu de ses mélodies, on entend passer des masques, comme dans le *Carnaval de Venise*.

Mouches légères, insectes dorés qui vivez du suc des fleurs, profitez de ces longues heures où s'oublie le maëstro, et n'attendez pas qu'il ait fini pour fuir l'ombelle odorante près de laquelle il s'est posé, car aux oiseaux l'appétit vient en chantant. Dès qu'il aura cessé, il se couchera sur sa branche, et, le cou tendu, il ne songera plus qu'à guetter l'imprudente qui aura le malheur de s'égarer dans son voisinage. Qu'elle ne compte point sur la vivacité de son aile : l'ennemi ne la poursuivra pas ; il l'attendra, il la fascinera. Il y a une force magnétique dans ces deux yeux brillants qui la fixent, immobiles. Une mouche qui tombe sous leur regard est une mouche perdue. Elle peut, d'un air distrait, voltiger un moment à l'entour. Mais le charme opère ; elle s'approche, et, sans autre mouvement qu'un coup instantané du joli bec rose, elle disparaît, engloutie. Une seconde, une troisième disparaissent de la même manière, après quoi le prestidigitateur, bien restauré, fait de nouveau place au maëstro, qui reprend sa position première et recommence son pot pourri.

LE POUILLOT FITIS

Ordre des Insectivores. Famille des Phylloscopidés. Genre Pouillot. — Longueur : 11,2 centimètres. Dessus du corps d'un brun verdâtre clair, un trait clair sur les côtés de la tête, les joues soyeuses et grisâtres, la gorge et la poitrine d'un jaune délicat, le ventre et le dessous de la queue d'un blanc transparent. Le petit pouillot est plus brun en dessus, il a les joues plus brunes et la face inférieure du corps moins jaune. Le pouillot fitis et le petit pouillot ont chacun deux nichées de 6 œufs par an. Ce sont des oiseaux communs dans toute l'Europe.

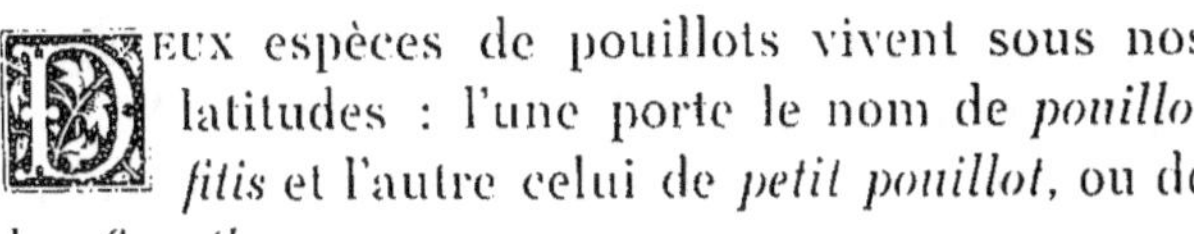

EUX espèces de pouillots vivent sous nos latitudes : l'une porte le nom de *pouillot fitis* et l'autre celui de *petit pouillot*, ou de *bec-fin véloce*.

Elles sont toutes deux très petites, surtout la seconde, d'ailleurs si parfaitement semblables qu'on peut fort bien les prendre l'une pour l'autre. C'est le même corps menu, plutôt allongé que ramassé, fait pour glisser et pirouetter dans le feuillage ; ce sont les mêmes teintes d'un gris vert sur les ailes et sur le dos, et d'un jaune pâle, mêlé de blanc, à la gorge et sur la poitrine ; c'est le même bec mignon et le même œil brillant. Le moyen le plus sûr de les reconnaître est de regarder aux pattes, qui sont couleur de chair chez le fitis et d'un gris plus ou moins foncé chez son frère ou cousin. Il y a aussi quelque différence dans la taille, dans la longueur des premières plumes de l'aile, dans la construction du nid, dans les œufs et surtout dans le chant. Quant au genre de vie, il est le même, à très peu près.

Le roitelet, le troglodyte et les deux pouillots sont nos oiseaux-mouches. Le petit pouillot ne pèse guère plus que le roitelet quoiqu'il ait le corps un peu plus allongé. Mais, tandis que le roitelet est un oisillon robuste, qui ne redoute point les hivers de la montagne, le pouillot est un être délicat, et les gelées d'avril lui font souvent expier un trop prompt retour sous notre ciel inconstant. Le petit pouillot nous arrive à la mi-mars, et le fitis une quinzaine de jours plus tard ; ils s'établissent tous deux dans les forêts d'essences diverses, pauvres en sapins, riches en hêtres, en chênes et en sous-bois. Ils cachent leur nid parmi les buissons trapus, et le construisent, le plus souvent, directement sur la terre. C'est un nid en forme d'œuf, fermé par-dessus, et dont l'issue est une ouverture latérale, que le petit pouillot pratique aux deux tiers de la hauteur, et le fitis un peu plus bas, mais toujours aussi étroite que possible. Toutes les précautions sont prises pour qu'il se confonde avec les feuilles et les herbes sèches. On marche dessus, on voit l'oiseau en sortir et s'envoler, qu'on a encore toutes les peines du monde à le trouver. La coque en est

LE POUILLOT FITIS

forte, d'un tissu serré ; l'intérieur en est doublé de plumes et d'autres matériaux choisis, toujours fins, chauds et soyeux.

Les pouillots ne se déplacent qu'au temps des migrations. D'ailleurs, ils vivent en famille, toujours au même lieu, toujours réunis : père, mère et les deux nichées printanières. On les voit peu, mais on les entend beaucoup, car ils s'agitent et chantent sans cesse. Le chant du fitis est un peu monotone, avec une nuance de mélancolie : ce sont des *di, di, di,* des *düe, düe, düe,* des *deà, düe, deida :* le *d* est la seule consonne qui le coupe d'articulations appréciables ; tandis que celui du petit pouillot, gaîment comique, connaît des *delm, dilm, dölm,* des *zilp, zalp, zilp,* et même des *hédédedal* doux et prolongés. Leur cri de guerre, *hüid, hüid,* cent fois répété, n'annonce rien de bon aux importuns qui viennent les troubler dans leurs retraites. Ils ont des fougues d'oiseau-mouche, dont la violence est en proportion de leur faiblesse. Ils ne connaissent pas le danger, ils se précipitent contre l'ennemi, quel qu'il soit, et remplissent la forêt du bruit de leurs colères. Ils sont très amusants dans ces petites tempêtes. Malheureusement, on ne peut guère les observer ; ils déroutent le regard par la rapidité de leurs mouvements ; et puis, ils ne sortent presque jamais du feuillage. Ils paraissent n'avoir aucune peur des grands rapaces. Lorsque, par rare occasion, ils traversent un espace découvert, rien ne trahit chez eux la moindre inquiétude. Ils diffèrent en cela des mésanges, dont ils n'imitent pas non plus le vagabondage automnal ; mais ils leur ressemblent par le goût de la chasse autour des branches et des feuilles des arbres. Seulement, la mésange chasse en s'accrochant de l'ongle et du bec, en faisant de la voltige d'équilibriste, tandis que le pouillot chasse au vol, l'aile toujours en action. C'est au vol qu'il pique les pucerons, les phalènes, les larves, tous les petits insectes qui peuvent se cacher sous les feuilles. Il pique aussi les mouches au vol, et c'est son gibier de prédilection ; mais une mouche est déjà un gros morceau pour ce diminutif d'oiseau, et quand il en a pris une, il faut qu'il aille se poser sur une branche pour la dépecer bouchée à bouchée.

Joyeux et sédentaire, le pouillot est toujours en mouvement, jamais en voyage. Il n'émigre que parce qu'il le faut bien, et pour s'enfermer aussitôt dans une autre résidence. Le plus souvent, il passe la saison sans sortir de son coin de bois. Heureuse sagesse du plus gai et du plus pétulant des petits oiseaux ! Qu'irait-il chercher au delà ? Où pourrait-il rencontrer plus jolie chose que la mousse sur l'écorce, ou la feuille qui tremble au bout de sa tige menue ? Où donc plus riches perspectives que celles des branches entrelacées, des hautes arcades du feuillage et de ses dômes aériens ? Où la brise aurait-elle plus de murmures et la lumière plus de

reflets? Où trouverait-il plus beau parc de chasse,
enclos mieux disposé pour voltiger et frétiller?
Le nid, c'est le berceau ; l'arbre, c'est le monde.
Qu'irait-il chercher au delà?

LE TROGLODYTE

Ordre des Insectivores. Famille des Troglodytes. Genre Troglodyte.
Longueur : 9,5 centimètres. Le troglodyte est entièrement brun dessus. Un peu plus roux vers la queue. Le dessous du corps est presque blanc avec des chatoiements châtains. Comme seul ornement, le troglodyte a la joue et les côtés du cou marbrés de brun foncé et de brun clair. Sur l'aile, sur la queue, sur tout l'abdomen courent en sens inverse des plumes des zébrures foncées plus ou moins apparentes. Le troglodyte pond deux fois l'an sept ou huit œufs blancs, ponctués de rouge sang.

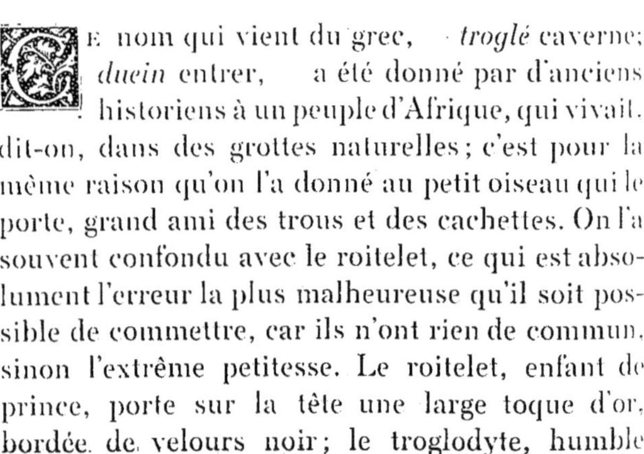

E nom qui vient du grec, — *troglé* caverne; *duein* entrer, — a été donné par d'anciens historiens à un peuple d'Afrique, qui vivait, dit-on, dans des grottes naturelles ; c'est pour la même raison qu'on l'a donné au petit oiseau qui le porte, grand ami des trous et des cachettes. On l'a souvent confondu avec le roitelet, ce qui est absolument l'erreur la plus malheureuse qu'il soit possible de commettre, car ils n'ont rien de commun, sinon l'extrême petitesse. Le roitelet, enfant de prince, porte sur la tête une large toque d'or, bordée de velours noir ; le troglodyte, humble

parmi les plus humbles, d'apparence lourde, au
petit corps ramassé, porte une robe d'ermite, d'un
brun roux ou cuivré, sans autre ornement que le
liseré de l'aile, blanchâtre et rayé de noir. Le roitelet mène une vie aérienne, dont le joyeux mystère se dérobe dans le feuillage des hautes sapinières;
le troglodyte hante les lieux bas et couverts, il se
tapit sous les racines et se blottit dans les terriers
abandonnés : c'est l'oiseau rampant, l'oiseau des
trous, l'oiseau souris, et si, en butte aux mépris
des uns, aux embûches des autres, il lui reste un
fonds inépuisable de gaîté, c'est qu'il y a des compensations dans ce monde, et que la Providence,
dans sa souveraine justice, n'a pas voulu que la
joie et le bien-être fussent l'apanage exclusif de la
grâce et de la beauté.

Sur l'arrière-automne, quand les premières neiges blanchissent le sol, les habitants des hameaux,
même des villes, voient approcher de leurs demeures cet hôte mystérieux, connu par ses allures bizarres et par sa bonne humeur persistante au milieu des rigueurs de l'hiver. D'où vient-il ? Il ne
vient ni du Nord ni du Midi; il arrive tout simple-
ment de la forêt voisine, comme les rouges-gorges
acclimatés. Il y a fait son nid au printemps, sous
la mousse ou les feuilles sèches; il y a élevé ses
petits; il y a vécu des vers et des insectes de la
terre; il y a chassé de broussaille en broussaille,
de niche en niche, et maintenant que la bise est

venue, il demande à l'homme, pour subsister, quelque petit morceau

De mouche ou de vermisseau.

A l'homme? Non. C'est plutôt le rouge-gorge qui se confie à la garde du villageois et fait appel à sa générosité. Le troglodyte, plus craintif, ne va pas heurter du bec à la vitre; mais il sait que, dans le voisinage des fermes, il y a toujours de quoi vivre, et les cachettes n'y manquent pas, soit pour chasser, soit pour dépister la fouine, le chat et les enfants. Que lui faut-il? Rien qu'il ne soit sûr de trouver. Il lui faut ces fagots entassés, pour en visiter tous les interstices. Tout à l'heure, nous l'en verrons ressortir; il se montrera à la dérobée et jettera au vent sa joyeuse chanson, une chanson courte, mais retentissante. Il lui faut cet autre tas de débris, pour s'y insinuer entre les plâtras et les moellons; après quoi il viendra chanter au-dessus. Il lui faut ce gros mur percé de petites meurtrières, par où s'écoulent les eaux des terrains supérieurs. Oh! la bonne fortune! Il ne gèle guère au fond de ces galeries; la verdure y est fraîche et les violettes y fleurissent en décembre; mille insectes y cherchent un refuge, et quand le troglodyte en sortira, le plus sonore de ses refrains annoncera qu'il y a fait bombance. Il lui faut des écuries, des granges, des fenils, avec des réduits, des coins, des recoins; surtout il lui faut de ces maisons cha-

lets, à la bernoise, aux galeries étagées et aux riches provisions de combustibles entassées sous
d'énormes avant-toits. Ah! c'est pour le coup que
le troglodyte est heureux! Ces dessous de galeries,
ces auvents, ces poutres disjointes, ces planches
disloquées, ces ciselures vermoulues, ces bois qui
ont fermenté, ces écorces flétries, ces toits de bar-
deaux sont autant de greniers où la bonne mère
nature amasse des provisions pour les petits oiseaux qui savent aller les chercher. Entre deux
aubaines, le troglodyte fait son apparition régu-
lière ; le voici sur une corniche, le voilà sur la
gouttière : il se montre, chante et disparaît.

Oui, il y a des compensations, et le troglodyte
en est la preuve. Quand on le met dans une cage
tout unie, il meurt, au bout de peu de temps, de
frayeur et d'anxiété : il ne saurait subsister sans
un trou où s'enfuir ; c'est sa vie, c'est sa sûreté et
sa joie. Il a des ennemis et ne peut guère compter
sur la vitesse de son vol, qui est lourd, malgré la
rapidité avec laquelle il agite ses ailes ; mais il est
petit, prudent, vite caché, leste à la course, et c'est
pourquoi, si le trou n'est pas loin, il échappe presque toujours à la main ou à la griffe qui veut le
saisir. Il a des ennemis, mais il a peu de concurrents, et c'est pourquoi le vivre et le couvert ne lui
manquent jamais, même dans les plus rudes saisons. Il a des ennemis, mais il n'est pas frileux : le
sang circule avec énergie dans ce petit corps ar-

11

rondi, entre ces chairs grassouillettes, et c'est aussi pourquoi, tandis que la plupart des oiseaux maigrissent et grelottent, le troglodyte, avec sa figure joviale d'ermite bien nourri, chante encore matines et vêpres, sans compter les *benedicités* et les *gratias*, parmi la neige et les glaçons.

LE PHRAGMITE

Ordre des Insectivores. Famille des Calamoherpidés. Genre Phragmite. — Longueur : 13,1 centimètres. Tout le dessus du corps est d'un brun ardent s'éclaircissant de la tête à la queue. Sur les côtés du front deux raies noires encadrées elles-mêmes par la ligne très claire des sourcils. Les joues tachetées de brun et de noir. La gorge blanche. Le dessous du corps d'un roux jaunâtre clair. Les quatre ou cinq œufs que le phragmite pond annuellement ont le fond blanchâtre pointillé de gris et dessiné parfois de petits zigzags noirs.

S i quelque chose doit ressortir de ces notices multipliées, c'est la remarquable distribution des espèces sur la surface de la terre, selon leurs aptitudes naturelles ou leurs habitudes acquises. Elle paraîtra plus frappante encore lorsque nous en aurons fini avec les oiseaux des arbres, et que nous verrons défiler la série de ceux qui sont fixés au sol, dans les pâturages, dans les blés, dans les bruyères, dans les plaines marécageuses, partout où il y a de quoi vivre. Le poète l'a bien dit : A chacun

Son lieu cher et choisi, son abri, sa retraite.

Le nom même de celui qui nous occupe en cet instant indique où il faut le chercher. Phragmite

(phragmites) est un mot à double sens ; c'est le nom
du roseau aux longues feuilles aiguës, aux grands
épis plumeux, laineux et cuivrés, qui peuple les
bords de nos étangs ou de nos lacs, et c'est aussi
le nom du très petit oiseau dont le manteau roux
et brun a justement la couleur de ces moissons la-
custres, et qu'on y voit voltiger ou qu'on y entend
chanter au printemps. C'est donc un hôte des plages. Il lui faut de l'eau, les mouchets des roseaux,
les panaches des massettes, les iris jaunes, les roses
blanches des nénuphars, les touffes coriaces des
laîches, quelques saules rabougris dont les branches traînent dans la vase, un bouleau enfin, ou
un aune, roi du paysage, avec de grêles chatons
qui pendent aux branches mal fournies.

Le phragmite installe son nid dans le fourré
des saules trapus, ou bien au milieu de quelque
îlot de verdure, assez élevé pour que ses œufs
soient à l'abri de la vague. Tout autour, le gibier
abonde. Libellules diaprées, au vol saccadé, gyrins
aux reflets d'acier, qu'on voit glisser à la surface
des flaques savonneuses, mouches qu'attire la chaleur humide du sol, insectes aquatiques qui nagent,
rampent ou s'embourbent dans les creux inondés :
tel est le menu de ses festins. Les oiseaux qui voltigent, qui vivent de chasse et non de pêche, ne
sont pas très nombreux dans ces parages ; il n'a
donc pas beaucoup de concurrents, aussi l'existence lui est-elle facile. Le phragmite ne se fait pas

LE PHRAGMITE

faute d'en jouir. Il est flâneur et musard. Il aime à se rengorger, comme le troglodyte, la tête dans le cou et le cou dans les épaules. Sa queue, qu'il tient basse ordinairement, achève de lui donner un air de nonchalance. Il fait de longues poses à certaines places favorites ; il se lisse le plumage, il se chauffe au soleil, il rêve et fait sa sieste, les yeux fermés. Il n'a point l'allégresse habituelle des espèces qui habitent les bois ou le bord des eaux courantes. La mélancolie des grèves, le bruit monotone de la vague, les pesantes vapeurs qui s'élèvent des mares tièdes et croupissantes, semblent avoir agi sur le tempérament de cet être ailé, né pour gazouiller et sautiller. Il est devenu contemplateur, comme le sont les enfants des rivages.

Cette disposition à la rêverie est d'autant plus remarquable qu'il sait être très agile, quand il le veut. Les hommes troublent rarement sa solitude. Il n'en est guère plus confiant. Dès qu'on l'approche, il disparaît avec la prestesse du troglodyte, dont il partage le goût pour les abris et les lieux couverts. Quand l'heure du repas est venue, il se montre très habile chasseur. Il va, il vient, il court, il furette. Laîches et roseaux frémissent sur son passage : il est partout à la fois. Aucun insecte n'a les mouvements assez vifs pour lui échapper. Quand il veut happer une mouche, on voit partir comme un trait sa petite tête rengorgée, au bec effilé, et briller ses deux yeux espiègles, couleur noisette.

C'est alors un oiseau charmant, svelte, gracieux, il ne rappelle plus du tout le troglodyte : on dirait une miniature de fauvette.

Il n'est pas plus alerte, mais encore plus éveillé, si possible, dans la rapide saison des amours. C'est le moment où l'on a le plus d'occasions de l'approcher et de l'observer. Il abandonne ses cachettes, il s'aventure jusqu'aux plus hauts sommets des plus hautes herbes, il s'élance même, par bonds imprévus, dans le vide des airs. La plupart des oiseaux ont la passion imprudente : ils ne savent point aimer sans le publier à tout venant. Un instinct commun les porte à s'élever pour entonner leurs épithalames. N'ayant pas, comme la grive, des sapins à sa disposition, le phragmite va chanter tour à tour sur une tige feuillue, qui plie à peine sous le poids, sur le panache d'une massette, sur les branches du saule qui abrite son nid, ou parmi les grêles rameaux de l'aune ou du bouleau voisin. Pour chanter, comme pour rêver, il a ses places favorites. Il passe de l'une à l'autre, en prenant un élan en hauteur, et sur chacune il s'arrête un moment, juste le temps d'achever sa chanson. Elle n'est pas longue, mais elle est vive et perlée : une petite chanson de fauvette à la voix flûtée, qu'accompagnent de leur basse éternelle le bruissement plaintif des roseaux et le murmure des vagues qui viennent l'une après l'autre mourir parmi les galets du rivage.

LA GORGE-BLEUE

Ordre des Insectivores. Famille des Humicolidés. Genre Gorge-bleue. —
Longueur : 14,3 centimètres. Toute la partie supérieure du corps
brune, la gorge d'un bleu éclatant avec ou sans tache blanche, le
ventre gris très clair. Les jeunes ont le dos et la tête noirâtres avec des
rayures et des gouttes d'un roux clair, un sourcil clair, la gorge blanche, le ventre noir tacheté de roux. La gorge-bleue habite en Europe
depuis la Laponie à l'Espagne.

Y A-T-IL de l'exagération à dire de la gorge-
bleue qu'elle est, de tous les oiseaux de nos
contrées, celui qui a le plus d'analogie avec
ces espèces du Midi célèbres pour l'éclat de leur
plumage. Elle est un peu plus forte que le rouge-
gorge, et elle se présente mieux, parce qu'elle se
tient droite sur ses hautes jambes, étalant aux
regards la magnificence de son incomparable plastron d'azur. Le dos, l'aile, le ventre, n'offrent rien
de particulier ; le dos et l'aile sont d'un gris sombre,
et le ventre d'un gris clair ; la queue est déjà plus
parée, grâce à deux belles taches rousses, qui en
font ressortir le brun sombre. L'oiseau a l'air de
savoir qu'il a une jolie queue ; il la tient droite,
comme sa gorge. Le front, qui est de la couleur
du manteau, est coquettement dessiné par un fin

bandeau blanc jaunâtre, qui passe au-dessus des yeux et fait presque le tour de la tête. Mais le triomphe de cette toilette, simple dans sa recherche, est ce plastron d'azur qui, attaché sous le bec, tombe sur la gorge et jusque fort avant sur la poitrine. Il a la forme d'une jolie bavette d'enfant. Une bordure de velours noir et un liseré de satin blanc, bordé lui-même d'une frange orangée, en font valoir la coupe élégante. Quant au bleu dont il est fait, c'est un de ces bleus qu'on rêve, à la fois éclatant et doux, chaud et métallique : le chatoiement du velours uni au rayonnement du saphir. Et pour en augmenter encore la richesse, au centre, à la gorge même, pareille à une broche sur un corsage, étincelle une étoile d'argent.

Comment la nature s'y prend-elle, sous nos pâles climats, pour exécuter ce chef-d'œuvre? D'où lui en est venue l'idée? Où en a-t-elle trouvé les couleurs? Elle n'y réussit pas sans peine; souvent elle le manque ou le laisse inachevé. Les jeunes n'ont pas une plume bleue; la femelle non plus, au moins jusqu'à un certain âge. Sur ses vieux jours, elle s'embellit, aux yeux de son époux, d'un demi-collier où brillent quelques vagues teintes de cette couleur trop riche pour sa modestie. Les mâles d'un ou même de deux ans semblent n'avoir pas encore eu le temps de porter à sa perfection cette pièce royale. Quelques-uns n'y arrivent jamais; l'étoile d'argent ne sort pas, ou reste confuse.

Seuls, de vieux chefs éprouvés peuvent offrir à
leurs femmes et à leurs enfants le spectacle complet d'un costume de gorge-bleue. Et encore sont-
ils en grand danger de le voir se faner. Qu'ils
n'aillent pas, s'ils y attachent du prix, donner dans
les pièges que leur tendent les hommes ! L'air de
la cage ne comporte point une telle parure. Soit
qu'elle ait besoin, pour se maintenir et se renouve-
ler, des migrations de chaque année, c'est-à-dire
du soleil du Midi, soit que la tristesse de la captivité puisse assombrir non seulement l'humeur,
mais encore le plumage d'un oiseau, la gorge-bleue
prisonnière voit, dès les premières mues, l'azur de
sa poitrine dégénérer en un gris vulgaire. Il est
des magnificences qui ne conviennent qu'à la liberté.

Comment se peut-il faire qu'un si bel oiseau, et
qui a le sentiment de sa beauté, mène une vie obscure, se dérobe, se cache, comme s'il était honteux
du privilège de sa naissance ? La nature a de ces
mystères, qu'il est inutile de vouloir expliquer. Le
fait est que les gorges-bleues sont très répandues
dans notre pays et dans les pays voisins, et qu'on
en voit cependant assez peu, infiniment moins que
de rouges-gorges. Elle n'aime pas la forêt proprement dite, mais les lisières, les lieux vagues, où
elle trouve des fossés marécageux, des talus, de
grandes herbes, des broussailles, des saules, Elle
a une préférence pour les plantations d'osier. Son

nid est près de terre ou sur la terre même ; elle
n'en sort, le plus souvent, que pour aller courir
dans les herbes ou sous les taillis, à la chasse des
insectes, qui ne font point défaut dans ces parages
humides, où la pluie laisse des flaques, qui tiédis-
sent au soleil. A peine nés, les petits se culbutent
du nid et se faufilent, comme des souris, dans tous
les trous qu'ils rencontrent. L'aile leur pousse, et
ils n'en profitent que timidement. Ils continuent
avec leurs parents cette vie à demi souterraine,
jusqu'au moment où les familles se réunissent et
forment des groupes ou des tribus, pour entreprendre la grande migration automnale.

Il n'y a que deux occasions où la gorge-bleue
oublie le terre à terre de ses mœurs bourgeoises
pour faire preuve d'un tempérament moins tranquille, c'est lorsqu'elle célèbre la fête de ses noces
ou qu'elle rencontre un rival. Pendant que la femelle couve, le mâle va chanter sur quelque haute
branche d'osier. C'est sa tribune, d'où, par moments, il s'élève perpendiculairement dans les airs.
Il y va souvent la nuit, au clair de lune. Sa chanson est un gazouillement musical, qu'on dirait à
deux voix, et sur lequel se détachent des sons argentins. Douce chanson d'oiseau très heureux et
d'époux attendri ! Mais où il n'est pas tendre, c'est
lorsque, entre deux touffes d'herbe ou sur la berge
d'un fossé, il voit apparaître un plastron semblable
au sien. Alors il entre dans une fureur indescripti-

ble. Toutes ses plumes se hérissent, et les deux adversaires se précipitent l'un contre l'autre, d'un élan simultané. La bataille est toujours sanglante. Le vainqueur ne lâche pas prise qu'il n'ait vu rouler sur la terre son insolent rival. Quelquefois il l'achève à coups de bec ; puis il rentre au nid, couvert de poussière, meurtri, mais triomphant. On voit par là que la gorge-bleue connaît le prix de sa livrée. Si elle dédaigne d'en faire étalage au dehors, au moins entend-elle être seule à en déployer devant les siens le spectacle glorieux.

L'ACCENTEUR DES ALPES

Ordre des Insectivores. Famille des Accentorides. Genre Accenteur. — Longueur : 16.8 centimètres. La tête et le dos d'un gris brun terne, ce dernier avec de grandes taches brun foncé. L'aile est noire avec de petites taches blanches et des liserés roussâtres. La poitrine et le ventre d'un brun-brique varié de plus foncé et de plus ardent; le dessous de la queue blanc avec des taches brun foncé. La gorge blanche semée de petites mouchetures noires est surtout caractéristique chez le vieux mâle. Deux nichées annuelles de trois à cinq œufs allongés d'un vert bleuâtre pâle.

HÔTE des régions élevées, l'accenteur des Alpes est peu connu dans la plaine, où il ne fait d'apparition qu'en hiver, et toujours dans le voisinage des montagnes.

C'est un oiseau sombre, aux teintes enfumées, brunes ou cuivrées, à peine plus gros que le moineau. Quand on le regarde de près, on trouve son plumage plus riche et plus varié qu'il ne semble à distance. Il y a bien quelque coquetterie, par exemple, à cette jolie bavette blanche, ponctuée de noir, qu'il porte attachée sous le cou. Cette toilette, néanmoins, n'est pas faite pour attirer les regards; elle n'en convient que mieux à un oiseau que la nature n'a point destiné à jouer un rôle brillant.

L'ACCENTEUR DES ALPES

L'accenteur est un solitaire, taciturne et méditatif. Il ne va point au Midi. La patrie du jasmin
et de l'oranger, dont tant d'autres commencent à
rêver dès qu'apparaissent les premières brumes
automnales, n'existe pas pour cet humble enfant
de la montagne. La chanson de Mignon n'est pas
pour lui. Ses migrations ont lieu de haut en bas et
de bas en haut. Aux approches de la mauvaise
saison, on le rencontre dans les pâturages des
Alpes, volant en troupes près des chalets abandonnés. Quoique ses voyages ne soient pas longs, il a
cet instinct qui fait que tant d'espèces se réunissent pour se préparer au départ. La neige l'oblige
à descendre de station en station. Il finit par s'approcher des fermes, dans les vallées. Si rude que
soit l'hiver, il lui reste toujours quelque source où
aller boire et quelque meule de foin où aller picorer des graines. Heureux quand il découvre un tas
de marc, abrité sous un avant-toit! Les pépins secs
sont de bonne prise, et si la nourriture n'est pas
fine, du moins elle est abondante. Dès le premier
printemps, il regagne les hauteurs, devançant les
troupeaux. Il lui suffit de quelque endroit balayé
par le vent, de quelque bord de ruisseau où le sol
se montre à nu et où commencent à s'éveiller les insectes, pour qu'il s'aventure en plein désert, en
pleins frimas. De jour en jour, les espaces libres sont
plus nombreux et plus grands, et l'accenteur s'élève à mesure qu'il voit la neige reculer devant lui.

12

En été, il est commun dans les plus hauts pâturages, et jusque sur les plateaux des grands cols
dont les eaux alimentent les fleuves du Nord et du
Midi. A 2000 et 2200 mètres d'altitude, il est encore chez lui. Et comme si ce n'était point assez
d'affronter ces solitudes, il y choisit, de préférence,
les endroits les plus sauvages. Si vous traversez
une pelouse fleurie, ne vous attendez pas à le rencontrer ; mais si vous vous égarez sur quelque
pente caillouteuse, où s'accumulent les débris des
parois supérieures, vous le verrez, à votre approche, partir d'entre les pierres. Il se tient là, immobile et les plumes hérissées, ce qui lui donne la
figure la plus étrange. Quelques observateurs
croient que c'est pour échapper à la crécerelle,
qui l'épie du haut des airs, qu'il a coutume de se
déguiser ainsi, car c'est un vrai déguisement. Il en
devient méconnaissable. Les heures se passent, et
il secoue sa torpeur pour aller faire la chasse aux
mouches, aux scarabées, aux petits limaçons. Il va
de-ci, de-là, sautillant, regardant partout, retour-
nant du bec les graviers et les mottes de terre. Il
fait preuve alors d'une agilité singulière pour un
oiseau qui a si souvent l'air endormi ; surtout, il
est attentif. Quelquefois il grimpe aux rochers,
pour en visiter les fissures. C'est un exercice où il
est très adroit. La moindre saillie lui suffit pour
s'accrocher de l'ongle. Puis il revient à son lit de
cailloux et reprend son attitude première, immo-

bile, et les plumes toujours retroussées. Dort-il?
observe-t-il? contemple-t-il? On ne sait. Il a cette
placidité de génie que donne la montagne à la plupart de ceux qui l'habitent. C'est ainsi que, dans
le haut pâturage, le petit chevrier passe des heures
à regarder autour de lui.

Cependant la saison des amours arrache l'accenteur à cette somnolence méditative. Il chante,
et l'on est tout étonné de sa voix claire et juste. Il
a des sons de flûte très purs, et sa chanson rappelle
celle de l'alouette huppée. Mais de combien d'accidents ces amours sont traversées! La femelle fait
deux couvées, l'une à la fin de mai, l'autre à la mi-
juillet. Cette dernière a plus de chances de réussir,
quoique l'été lui-même soit perfide à ces hauteurs.
Mais la première! Il en est peu qui viennent à bien!
Et quel courage pour un petit oiseau que de se
bâtir un nid au milieu des frimas accumulés et de
rester immobile sur ses œufs pendant que les ava-
lanches grondent tout à côté ou que, par une bise
en retard, la neige recommence à tourbillonner
dans les airs! Maintes fois, dans nos courses à la
montagne, nous avons trouvé, au plus épais des
fouillis de rhododendrons, des nids admirablement
façonnés, fermes et douillets, faits de mousse et de
chaume, où se trouvaient encore quatre ou cinq
œufs allongés, d'un bleu tirant sur le vert. C'étaient
des nids d'accenteurs. De pauvres mères, chassées
par les retours de l'hiver, avaient dû abandonner

l'espérance de leurs printanières amours. L'été, dès lors, avait fondu les neiges et fait éclore les bourgeons. Chaque branche de rhododendron avait sa grappe purpurine, chaque buisson était un bouquet, et la brise, chargée de parfums enivrants, balançait sous les roses un berceau devenu un cercueil.

LE TRAQUET MOTTEUX

Ordre des Insectivores. Famille des Monticolidés. Genre Traquet. — Longueur : 14,9 centimètres. Le dos gris cendré, plus brun en automne; le front, le croupion, la moitié supérieure de la queue d'un blanc étincelant; le dessous du corps d'un blanc plus ou moins rouillé; le bec, la joue, l'aile, une partie de la queue et les pattes d'un noir superbe. En automne l'aile a des liserés brun clair. Les jeunes sont bruns dessus, roux dessous, avec des taches noirâtres. Cinq à sept œufs d'un vert pâle.

LES traquets sont de très petits oiseaux très alertes, toujours en mouvement, et c'est ce qui leur a valu ce nom de *traquets*. Ne dit-on pas aussi d'une femme qui cause que sa langue est un traquet de moulin? Les naturalistes leur ont réservé, dans leur langage savant, le nom de *saxicoles (saxicola)*, lequel indique une affection particulière pour les pierres et les rochers, ce qui est vrai de quelques-uns et pas du tout de quelques autres. On en compte en Europe trois espèces principales. La plus belle est celle qui est décrite dans Buffon sous le nom général de traquet, sans autre désignation, et que les savants appellent *Saxicola rubicola*, à cause de la belle teinte carmin de sa gorge et de sa poitrine, qui contraste avec le brun sombre de sa tête et de ses épaules. La seconde est la *Saxicola rubetra* (rougeâtre), qui, au lieu de ce brillant carmin, se contente d'un roux gracieux. C'est le *traquet tarier*, dont nous parlerons plus loin. La troisième est la *Saxicola Œnanthe*, ainsi nommée de certaines grandes ombellifères, communes dans les prairies marécageuses et autres lieux sauvages, où elle aime à se poser. C'est de celle-ci que nous avons à nous occuper maintenant. Dans le langage du peuple, elle a reçu le nom de *traquet motteux*, parce qu'elle se pose aussi volontiers sur les mottes proéminentes.

Le plumage du traquet motteux ne connaît ni la pourpre, ni l'or, ni l'azur, ni aucune de ces couleurs de parade. Il ne manque cependant ni de grâce, ni même d'éclat. Tout le dessous du corps, du bec à la queue, est d'un blanc plus ou moins pur. Une mantille d'un gris cendré tombe de la tête sur la nuque et sur le dos; l'aile est brune, avec des reflets d'un vert sombre, élégamment veinée par un liseré noir au bord de chaque plume; la queue est courte, carrée, moitié brune comme l'aile, moitié blanche comme la poitrine. Toilette à la fois tranquille et brillante, que rehaussent les vives attitudes de cet oiseau toujours en éveil, le cou dressé, l'œil au guet. Il est charmant lorsqu'il se pose, comme un papillon, sur les ombelles de l'Œnanthe, et s'y laisse balancer par la brise. Même dans l'attitude du repos, il paraît prêt à partir. Au vol, le passage d'un traquet est une apparition ; on dirait, selon la juste remarque de Friderich, une plume blanche emportée par le vent.

Le traquet motteux est commun dans la plus grande partie de l'Europe. Il recherche, de préférence, les contrées coupées de collines et les régions plus ou moins montagneuses. On le rencontre à de hautes altitudes. S'il lui arrive de s'établir dans la plaine, ce qui n'est point absolument rare, il y trahit son goût pour la montagne en recherchant les éminences, les tas de pierres, les blocs épars. D'ailleurs, il se plaît aux parois de rochers, aux gorges escarpées, aux tours démantelées, aux ruines, aux carrières : de toutes les espèces du genre, aucune ne justifie mieux le nom de saxicole. Son nid, assez informe, est placé de manière à être couvert par un avant-toit naturel, formé le plus souvent d'une pierre surplombante ou de quelque saillie de rocher.

Ami de la solitude et des retraites écartées, ce petit oiseau, agile, inquiet, est un type d'humeur sauvage : rebelle aux soins de l'homme, incapable de toute éducation, toujours triste en captivité. Il ne vit pas longtemps dans les volières, même les plus spacieuses, et son air rechigné montre bien que toutes les délicatesses dont on l'environne ne valent pas, à ses yeux, la voluptueuse liberté. Il est très curieux à observer quand on réussit à l'ap-

procher sans être vu ; mais cela est rare et difficile, parce qu'il s'enfuit du plus loin qu'il voit une
forme humaine. Il a des manies et des tics. Son
vol est des plus rapides, en ligne presque directe,
mais sans cesse interrompu. Il s'abat tout à coup
sur le sol, devant une pierre ou une motte, sur laquelle il grimpe lestement. A peine y est-il arrivé
qu'il hoche de la queue ou fait une révérence comique. Puis il se dégringole de l'autre côté, et se
met à courir avec une rare prestesse : on dirait
qu'il roule. Il continue, courant, volant, roulant,
et ne manquant aucun des belvédères qu'il rencontre sur son chemin. Sur chacun, il fait une ou
plusieurs révérences. Ainsi s'ébat, loin de toute
société, ce petit être, gracieux et farouche, qui vit
seul, chasse seul, voyage seul, et ne souffre de
compagnie que celle de sa femelle dans la saison
où l'instinct de l'amour l'emporte sur celui de l'indépendance. Et encore cette saison est-elle très
courte pour le traquet motteux, qui ne fait, en général, qu'une couvée par an. Mais c'est alors surtout
qu'il est curieux à observer. Il en est de lui comme
de certains misanthropes, qui ont l'abandon rare,
mais excessif. Le traquet amoureux semble pris
de folie. Il se pose, pour chanter, sur quelque haut
perchoir, d'où il s'élance dans les airs, en donnant
à ses ailes une agitation vertigineuse ; puis il retombe sur le perchoir d'où il est parti, ou sur tel
autre, pour s'y livrer à une pantomime étrange,

composée de révérences et d'une série illimitée de culbutes et de sauts périlleux. Cette crise dure quelques semaines ; après quoi, le traquet retourne à ses habitudes de vieux garçon maniaque, qu'il ne quitte qu'au printemps suivant, pour revenir, avec une singulière fidélité, nicher aux mêmes lieux. Pauvre traquet sauvage, telle est ton année et ta vie : onze mois de solitude et d'indépendance, un mois de fol amour ! Ainsi ont fait tes pères, ainsi feront tes enfants, aussi longtemps qu'il y aura, pour s'y poser ou s'y blottir, des mottes dans les champs, des ombelles dans les prairies et des cachettes dans les rochers.

LE TRAQUET TARIER

Ordre des Insectivores. Famille des Monticolidés. Genre Tarier. —
Longueur : 13,1 centimètres. Oiseau brun, ayant la gorge rousse et le
ventre presque blanc, les joues encadrées de blanc, le bec et les pieds
noirs, la queue blanche à la base, noire à sa seconde moitié, sauf
aux deux plumes médianes qui sont entièrement noires. Le traquet
n'a guère qu'une couvée annuelle, de cinq œufs verts, qui éclosent
après treize jours d'incubation. Les jeunes sont plus foncés que leurs
parents et ont aussi moins de blanc. C'est un oiseau répandu dans
toute l'Europe.

A EN juger sur un premier coup d'œil, on
pourrait croire qu'il n'y a rien de commun
entre le traquet motteux et le traquet tarier. Ils ont, en effet, le plumage fort différent.

Le tarier est un oiseau tacheté, moucheté, ponctué. Le dos brun est écaillé de noir ; les plumes de
l'aile sont noires, frangées de brun ; l'épaule est
bigarrée de blanc, et la tête est un fouillis de raies
brunes, de traits blancs et de points noirs : toilette
agitée, physionomie bizarre.

Si des couleurs on passe aux formes, on commence à découvrir quelque analogie entre les deux
espèces. Ce sont de petits oiseaux cossus, dont la
tête n'est pas fine et dont le cou n'est pas mince.

LE TRAQUET TARIER

Ils ont la queue courte et carrée, les formes épaisses, et l'agilité qu'ils déploient est celle de la force plus encore que celle de la légèreté. L'analogie ne devient frappante que si l'on considère les tics et les mouvements. On dirait deux frères qui ne portent plus le même costume, qui n'habitent plus les mêmes lieux et ne mènent plus la même vie, mais qui, avec des mœurs différentes, ont encore dans le caractère assez de traits communs pour attester leur parenté. Une ressemblance qui saute aux yeux est celle de la démarche. Ceci est essentiel. Chez les espèces animales, comme dans les familles humaines, rien n'est plus héréditaire, plus de race, que la façon d'aller et de venir, le geste et l'allure. Entre frères ou cousins, la figure est sujette à beaucoup plus de variations qu'une certaine manière d'être qui tient aux habitudes générales du corps. Le tarier sautille comme le motteux ; il a aussi le vol bas et direct ; il rase la terre jusqu'à quelque lieu proéminent, où il se pose avec les mêmes hochements de queue. Il a la même agitation de caractère, tempérée par des mœurs moins sauvages. Il semble qu'il y ait chez lui un adoucissement du type, à moins qu'il ne faille admettre que le motteux s'en est écarté par une sauvagerie croissante. Cette différence, qui frappe, paraît en étroite liaison avec celle des lieux préférés. Le tarier est beaucoup moins *saxicole* que le motteux, et l'on peut presque dire qu'il ne l'est pas du tout.

Il ne recherche point le désert, les gorges, les es-
carpements montagneux ; il est chez lui dans la
plaine ; il aime les lieux cultivés, les bords de bois,
les prairies. Son nid n'est pas dans une fente de
rochers, mais dans l'herbe. Il se pose moins sur
les mottes et sur les blocs épars que sur les branches des buissons, les échalas de vignes, les pi-
quets et les supports de plantes grimpantes.
Quand il a trouvé un perchoir qui lui convient, il
y fait de longues stations pour épier les mouches ;
il les prend au vol et les avale d'une bouchée. Il
est d'ailleurs exclusivement insectivore, de même
que le motteux. La manière dont il se comporte
avec l'homme est tout à fait singulière. Tandis
que le motteux donne des signes de vive inquiétude quand on approche de son nid, le tarier reste
absolument impassible, à moins que les petits ne
soient éclos, auquel cas il pousse des cris lamentables. Ceci est une de ces bizarreries qu'on trouve
en grand nombre chez les oiseaux et qu'on ne
sait comment expliquer. Il ne fait guère attention
aux simples passants. Quand il est poursuivi, il a
l'air plutôt surpris qu'effrayé. Au lieu de s'enfuir
au plus vite, comme le motteux, il tarde, et ne
fait que passer d'un buisson ou d'un piquet à un
autre, se posant toujours de manière à regarder
le chasseur, à lui montrer sa jolie poitrine rose. Il
est inquiet, effarouché, hagard, mais il ne s'éloigne
pas, et son bel œil noir, ouvert sous un sourcil

blanc, garde une expression de douceur et d'étonnement. Il se demande ce qu'on lui veut. Il est aussi beaucoup plus facile à vivre, beaucoup plus accommodant avec ses voisins et ses semblables. Le motteux est positivement farouche, impropre à toute compagnie. Le tarier a bien ses querelles et ses démêlés, mais qui ne vont pas jusqu'à lui rendre impossible la vie de société. En automne, il émigre en famille, au lieu de voyager seul. Il a la mélancolie plus tranquille que le motteux ; en revanche, il a la gaîté moins folle au temps des amours. Il fait moins de culbutes et chante plus assidûment, même la nuit. Il a la voix plus douce, plus souple, plus harmonieuse ; son répertoire, plus varié, est enrichi de couplets empruntés à celui du pinson ou de la fauvette ; surtout il n'a pas de ces notes rauques, qui, dans la chanson du motteux, dénotent au travers de la mélodie, comme un souvenir de sa nature rebelle. Il semblerait devoir être plus facile à apprivoiser ; mais quand on le met en cage, on est tout surpris de le trouver aussi sauvage que son sauvage parent. Il se blottit en un coin, et se ronge d'ennui jusqu'à ce que la mort lui rende la liberté.

Nombreux sont les oiseaux qui ont le caractère assez accusé pour qu'on voie clair, en quelques jours, dans ces petites âmes naïves, qui se trahissent ingénument. D'autres, et c'est le cas du tarier, ont les sensations confuses et la conscience obscure. Etres mal définis, ils ne paraissent nés ni pour la joie, ni pour la souffrance ; la vie leur est un rêve ; ils la traversent comme ils y sont entrés, sans la comprendre, et quand il s'agit d'en sortir, quand la mort est là, qui se dresse devant eux, ils la regardent et lui disent encore : « Que me veux-tu ? »

LE ROUGE-QUEUE

Ordre des Insectivores. Famille des Monticolidés. Genre Rouge-queue.
— Longueur : 14,3 centimètres. Tout le haut du corps noir de suie ; du gris de cendre foncé sur la tête et sur le cou. Le bec, les pieds noirs. Sur l'aile quelques liserés blancs. La région caudale et la queue rousses. La femelle est beaucoup plus claire, surtout à la poitrine. Deux nichées par an, ordinairement de cinq œufs tout blancs. Le rouge-queue est surtout répandu dans l'Europe moyenne.

ous le nom populaire de rouge-queue, on comprend deux espèces, qui ont entre elles une différence de mœurs très fréquente entre espèces voisines, celle-là même que nous venons de rencontrer chez les traquets : l'une est plus *champêtre*, l'autre plus *saxicole*. La première, le rouge-queue des jardins, comme on l'appelle souvent, rappelle le rouge-gorge par la tenue générale, les formes et l'aspect. Il s'en distingue surtout par sa queue rouge, sauf les deux plumes centrales, et par une grande tache noire qui se détache sur l'orange de la poitrine et monte de la gorge jusqu'au-dessus des yeux. L'autre, celui des maisons, est un oiseau tout deuil, à qui l'on a oublié de passer en noir deux paires de plumes, à droite et à gauche de la queue. La gorge et la poitrine sont grand deuil, d'un beau noir, bien franc ; la nuque et le dos petit deuil, d'un gris mélancolique, relevé de quelques plumes blanches à l'aile. Les pattes sont chaussées de deuil ; le bec est grand deuil ; l'œil est d'un brun sombre, voisin du noir : il n'y a que ces taches de rouille sur la queue qui détonnent, comme une plaisanterie, au milieu de cette toilette d'enterrement.

Les deux espèces de rouge-queue ont une existence bien distincte. Celui des jardins remplit les forêts et les vergers ; il est chez lui partout où il y a des arbres, et son nid, le plus souvent, est dans le creux d'un tronc. Celui des maisons n'aime point les arbres ; rarement il s'y pose, jamais il ne leur confie son nid. Ce qu'il aime, c'est le sol nu, le rocher, la pierre. Les altitudes lui sont indifférentes, pourvu qu'il y trouve des stations à son gré. On le rencontre jusque dans le voisinage des glaciers, parmi les pierres des moraines. Il a une prédilection pour les masures en ruine et pour les chalets abandonnés. Son nid est dans une crevasse de rocher ou dans un trou de mur. Ce n'est d'ailleurs nullement un oiseau farouche, comme le traquet motteux. Il ne hante pas moins la plaine que la montagne, et dans la plaine il recherche particulièrement les lieux qu'anime la présence de l'homme. Il préfère même, quand il a le choix, la ville au village. Ce qu'il lui faut, c'est la pierre et

de hauts perchoirs : les cheminées, les flèches d'é-
glise et les pointes de paratonnerre.

Il est facile à observer, même des profondeurs
de la rue. On le reconnaît à ses révérences répé-
tées et à cet amour exclusif des toits et de tout ce
qui fait saillie par-dessus. Son chant, moins harmonieux que celui du rouge-queue des jardins,
paraît mieux assorti au voisinage des girouettes.
Il consiste en quelques notes, belles, vives, sonores, brusquement interrompues par un grincement
criard. Quand on l'entend, il n'y a qu'à lever la
tête, et l'on peut être assuré de voir le chanteur,
tranquillement posé, bien en vue, peut-être sur la
girouette même dont il imite le cri.

Le rouge-queue est très habile à se laisser tomber des hauteurs où il réside, pour saisir au vol
quelque proie, sauf à y remonter aussi vite qu'il
en était descendu. Mais c'est un exercice auquel
il ne se livre pas très souvent. Les gouttières, les
tuiles et les ardoises humides, ainsi que la région
d'air dont il fait son séjour, lui fournissent assez
de quoi vivre. Il est grand chasseur d'insectes.
Cependant, lorsque le nid est plein, et qu'il faut
faire double ou triple provision, la disette le force
à se rapprocher des lieux bas, à descendre sur les
terrasses et dans les potagers, où parfois il se
rencontre avec son frère des jardins. Il en est de
même en automne, quand le départ approche. Ce
sont les graines de sureau qui l'attirent alors dans

la campagne. Il en fait une grande consommation : c'est son régal d'arrière-saison. Puis les jours deviennent courts et froids, et les rouges-queues se réunissent pour aller, en famille, passer l'hiver au Midi.

Bonne, simple, utile existence, toute bourgeoise, excepté cet amour des toits, qui semble trahir un certain goût pour les aventures. Mais quand on a des ailes, autant vaut le toit que la rue. Sur les toits ou ailleurs, le rouge-queue se distingue par la tranquillité de son caractère et la régularité de sa vie. Il remplit ses devoirs de chaque saison sans offenser personne, et peut, à la veille d'une nouvelle année, faire le compte de celle qui vient de s'écouler, sans avoir la conscience trop chargée. Il n'a ni volé, ni même convoité le fruit défendu ; il n'a eu que de rares et insignifiantes querelles ; il a fait ses deux couvées, ni plus ni moins ; il a élevé ses enfants sans luxe ni négligence ; enfin, il a exercé son petit talent de chanteur sans fatiguer le monde, malgré quelques fausses notes, imitées de la girouette. Et toutes les années, c'est le même bilan, la même existence paisible de bourgeois rangé. Si les oiseaux avaient des monuments funéraires, on pourrait graver sur le marbre du rouge-queue qu'il fut bon fils, bon époux et bon père. Mais il est trop honnête homme pour avoir besoin d'épitaphe.

LE ROSSIGNOL DE MURAILLE

Ordre des Insectivores. Famille des Monticolidés. Genre Rouge-queue. — Longueur : 15 centimètres. Le bec, le tour du bec, la gorge, les joues noirs ; le front blanc, le dos et le cou d'un beau gris bleuâtre : la poitrine, le croupion et la queue d'un roux vif. La femelle est toute grise, sauf la queue qui est rousse. Les jeunes sont tachetés de brun, de roux et de noirâtre. Deux nichées annuelles de cinq à sept œufs bleu verdâtre. La durée de l'incubation est de treize jours. Cet oiseau est très commun dans toute l'Europe et une partie de l'Asie.

Q UEL oiseau plus élégant que le rossignol de muraille ? La nature paraît l'avoir créé en vue d'animer nos jardins. Aussi lui a-t-elle donné une toilette faite pour briller parmi les fleurs.

Prenez un rouge-gorge ; teignez-lui d'un beau rouge les plumes de la queue, à l'exception de la paire du milieu ; couvrez-lui le visage d'un domino de velours noir, qui lui descende jusque sous la gorge et se détache sur sa poitrine orangée ; jetez sur ses épaules une mantille d'un gris cendré, dont le capuchon, bordé de blanc, lui retombe sur la tête et le front, et vous aurez, à peu près, le costume du rossignol de muraille. Il ne vous restera, pour achever la métamorphose, qu'à mettre cette riche toilette sur un corps un peu plus petit et de forme plus svelte, à la poitrine plus effacée, à la gorge plus mince et au bec plus effilé.

Si on lui a donné le nom de rossignol, ce n'est pas à cause de ce costume, beaucoup plus brillant que celui de son illustre homonyme; ce n'est pas non plus à cause de son chant, qui est doux et mélodieux, avec une pointe de mélancolie, mais qui n'a ni la variété ni la puissance du vrai rossignol; c'est seulement parce qu'il n'attend pas le jour pour préluder à ses concerts. A peine l'aube s'annonce-t-elle par quelque vague lueur qu'il est déjà à son poste, sur sa branche favorite, la plus haute branche d'un lilas fleuri, et qu'il entonne sa chanson matinale.

Enfin, si, pour le bien distinguer du rossignol des bosquets, on l'a appelé le rossignol de muraille, cela ne veut pas dire qu'il ait coutume de nicher dans un trou de mur, comme l'a cru Victor Hugo, qui parle de « son nid pierreux, » et comme on se le figure assez communément. Cela veut dire qu'il n'est pas rare de le voir grimper aux murs, examinant les interstices des pierres, entrant dans les petites cavernes qu'elles forment en se disjoignant, ou dans les trous destinés à l'écoulement des eaux. C'est même une de ses habitudes caractéristiques; aussi lui arrive-t-il souvent de se rencontrer, bec à bec, avec le troglodyte, qui est, comme lui, un grand visiteur de cachettes. Néanmoins, la condition essentielle dans le choix de

LE ROSSIGNOL DE MURAILLE

son domicile, est le voisinage d'arbres et d'arbrisseaux, pour y loger son nid dans quelque excavation naturelle. S'il y a des arbres et des murs, tout
alors se trouve réuni, et c'est pourquoi le rossignol de muraille est surtout commun dans nos
vergers et nos jardins. Les landes stériles, les tourbières, les marais, les champs uniformes et les
sapinières à sol moussu ne le comptent jamais au
nombre de leurs habitants.

Le caractère de cet oiseau offre un mélange
particulier de crainte et de confiance, d'adresse et
d'imprudence. Quand la femelle est sur ses œufs
et qu'on s'approche de son arbre, elle pousse un
cri de détresse bien connu : *huid, huid, dä dä! huid,
huid, dä dä!* Est-ce une manière d'en appeler à
la pitié de l'ennemi, ou bien n'est-elle pas maîtresse
de l'émotion qui la saisit? On ne sait; mais elle se
trahit, et ce cri lui est souvent fatal, d'autant plus
fatal que son nid, dans la plupart des cas, est à la
portée de la main. Elle continue à crier, sans fuir,
lorsqu'on avance le bras pour la saisir; elle est
comme clouée sur ses œufs, si bien clouée qu'elle
s'y laisse prendre. En toute autre occasion, le rossignol de muraille n'a pas l'air de se préoccuper
de la présence de l'homme. Il s'établit chez lui,
mais sans entrer avec lui en commerce familier.
Il ne l'évite ni ne l'approche, et ne s'en laisse
pas non plus approcher. A chacun ses affaires!

Les affaires du rossignol de muraille sont de

jouer, de chasser et de se pavaner sous les regards
de sa mignonne compagne. Il a les mouvements
vifs, le vol alerte; il passe par bonds d'un bout
du jardin à l'autre; il trottine à grands sauts saccadés dans les allées finement sablées; il se redresse et montre sa poitrine, dont il semble très
fier; il hoche sans cesse la queue, et de temps
en temps fait une révérence; il grimpe et se fau-
file entre les mailles du treillis contre lequel s'appuie l'espalier; puis il va se percher sur le toit,
d'où il se laisse tomber comme une flèche : il a vu
un insecte. Tout ce manège est fort gai, rarement
troublé par des querelles avec les voisins; mais il
y faut le soleil. Quand il pleut, le rossignol de muraille est triste; il vit dans quelque encoignure,
renfrogné, sans autre chanson qu'une note monotone, qu'il jette à intervalles réguliers; on dirait
une grosse goutte d'eau qui tombe dans un bassin.
Aussi le peuple l'a-t-il nommé l'*oiseau de pluie*. Mais
vienne un rayon de soleil, voici de nouveau le couple amoureux parmi les plates-bandes, entre les
touffes de réséda ou de pensées. Le jeu recommence, bientôt accompagné de protestations passionnées. Le rossignol de muraille est passé maître
dans ce langage du geste et de l'attitude qu'enten-
dent si bien les oiseaux; il a des pas de côté, des
déploiements de queue et des étirements d'aile
auxquels en vain on voudrait résister. La belle le
regarde, d'abord avec indifférence, puis avec un

intérêt trop visible, et pendant que sur la terre encore humide se joue cette idylle gracieuse, les grandes pensées, attristées par la pluie, relèvent leurs têtes veloutées, et leurs petits yeux jaunes regardent les oiseaux folâtrer. Les grandes pensées sont discrètes : elles voient, mais ne parlent pas.

LE BRUANT ZIZI

Ordre des Granivores. Famille des Embérizidés. Genre Bruant. — Longueur : 16,7 centimètres. Le bec est bleu d'ardoise, la gorge est noire, un collier d'un jaune très vif encadre la gorge et la joue et rejoint le bec en passant au-dessus de l'œil. La poitrine est olive et encadrée de roux vineux, le ventre jaune verdâtre pâle. Le sommet de la tête, les joues, la nuque olive : le dos brun rouge avec des taches noires. La femelle n'a pas la gorge noire ni les couleurs aussi vives. Les jeunes sont gris brun et gris jaune avec des taches noires. Le bruant zizi a deux nichées par an de cinq œufs. Il est commun en France, en Suisse et en Italie, plus rare en Allemagne.

Pour les simples amateurs, la nomenclature des oiseaux offre souvent des difficultés. Dans plusieurs provinces de la France, c'est le verdier qu'on appelle bruant; ce nom lui vient de son cri : *bru-u-u !* Je ne saurais dire pourquoi les naturalistes n'ont pas suivi cet usage. Ils donnent le nom général de bruant à un certain nombre d'espèces qui se distinguent, entre autres, par la forme de leur bec : un bec conique, dont la mandibule inférieure dépasse légèrement la supérieure, et s'en écarte parfois vers les coins. La plus répandue, le bruant jaune, ou bruant de France (Buffon), a reçu le nom de *verdière* dans les provinces où le

verdier s'appelle bruant. De là de fréquentes con-
fusions.

Il y a des espèces remarquables parmi les
bruants des naturalistes. Celui à la tête noire est
un fort bel oiseau, gorge et poitrine d'or ; on le
voit rarement de ce côté-ci des Alpes. Celui des neiges, aussi blanc que le précédent est jaune, habite
le Nord ; à peine, au cœur de l'hiver, descend-il
jusqu'en Allemagne. Le plus célèbre des bruants
est l'ortolan, qui n'est pas le seul à avoir la chair
fine, mais qui, pour son malheur, est le plus facile
à engraisser. On sait de quelle manière on s'y
prend ; on met les ortolans dans une chambre obscure éclairée par une lanterne. Ne distinguant
plus le jour de la nuit, ils mangent nuit et jour, et
deviennent gras à faire peur. Quand ils ne peuvent
plus prendre leur vol pour aller percher, ils sont
à point.

Après le bruant de France, le plus connu de
nos régions est le bruant zizi, auquel nous consa-
crons une mention plus spéciale, parce que, de
toutes les espèces du genre, il est le plus insectivore. Il ne dédaigne point les graines ; mais il a
une préférence pour les insectes, et il en nourrit
exclusivement ses petits. Ce nom de zizi lui vient
de son chant, qui n'est pas très sonore et qui se
confond presque avec le cri-cri des grillons. C'est
un honnête oiseau, modeste, et qui fait peu de
bruit. Il faut le chercher pour le voir. Il établit son

nid dans les fouillis des haies vives ou dans les
buissons isolés, au milieu des champs. Une fois
installé, ce qui a lieu dès le mois de mars, peu
de temps après son retour du Midi, il est très sédentaire. Chaque couple vit pour soi, et s'absorbe
dans les soins et les joies de la vie de famille. Le
bruant ne connaît que son nid ; c'est pour lui l'univers. Il fait deux ou même trois couvées par an.
Dès que les petits marchent, le père et la mère les
mènent dans les moissons, où ils peuvent, sans
danger, apprendre à chercher leur pâture. Si quelque bruit inattendu, quelque mouvement dans les
blés, vient à les effrayer, toute la bande s'épar-
pille en poussant de petits *zi-zi-zi*, qui trahissent
leur présence sans les rendre plus faciles à découvrir. C'est un remuement général, et ils sont en
sûreté avant que le chasseur ait eu le temps de se
reconnaître. Plus grands, ils profitent des jours humides ou pluvieux pour aller picorer dans les sillons
des champs labourés ; aussi, quand on les prend,
ont-ils souvent le bec souillé de terre. On rencontre
également le bruant sur les chemins, tantôt sur le
chemin lui-même, tantôt dans la haie à côté. Il
laisse passer le promeneur indiscret, se gardant
bien de venir sautiller sous ses yeux, comme fait
l'imprudent rouge-gorge ; mais quand on se retourne, on le surprend qui vole à la dérobée d'une
haie ou d'un buisson à l'autre. Cette timidité ne
l'empêche point de donner dans les panneaux

presque aussi bonnement qu'un de ses proches
cousins, celui qu'on appelle le bruant fou, à cause
de la facilité avec laquelle il se laisse tromper. Il
a les émotions trop vives pour être toujours sur
ses gardes. Ces existences cachées sont souvent
les plus passionnées. Quand le mâle chante, il est
tellement absorbé qu'on peut l'approcher de très
près sans qu'il s'en aperçoive, et l'on est alors
tout surpris de voir que c'est un charmant oiseau,
malgré le trait noir qui lui passe au travers des
yeux, et l'espèce de moustache, également noire,
qui lui tombe des deux côtés du bec. On dirait un
visage, plutôt qu'une tête d'oiseau, un visage un
peu rébarbatif, mais auquel la passion donne une
physionomie singulière quand le cou se renverse
et qu'on voit, au passage de chaque note, vibrer
toutes les plumes jaunes de cette gorge gonflée.
La femelle s'oublie à couver, comme le mâle à
chanter. On peut presque la prendre à la main sur
ses œufs, et si l'on s'empare de l'un des petits,
rien n'est plus simple que de capturer père et mère.
Il suffit de l'enfermer dans une cage double, dont
un compartiment, celui qui est vide, reste ouvert.
On pose la cage sur la terre à quelque distance du
nid, et bientôt l'on voit arriver les parents, qui se
précipitent par la portière ouverte. S'ils parvien-
nent à s'échapper au moment où l'on croit les
saisir, on en est quitte pour recommencer. Ils se
laisseront prendre dix fois de suite. Ce n'est pas,

sans doute, qu'ils ferment les yeux au danger ; mais, chez cet oiseau timide, la nature est plus forte que la peur, et rien ne saurait l'empêcher d'aller où l'appelle la voix suppliante du pauvre enfant prisonnier.

LA LAVANDIÈRE GRISE

Ordre des Insectivores. Famille des Motacillidés. Genre Hoche-queue.
— Longueur : 17,9 centimètres, dont 8,4 pour la queue. Front, joues,
ventre blancs; nuque et gorge noires; dos gris cendré. Les ailes et la
queue noires et blanches. En automne la gorge est blanche, bordée de
noir. Les jeunes n'ont pas de noir et les parties blanches sont moins
brillantes. Deux nichéesde cinq à huit œufs chacune. Cette lavandière
est répandue dans toute l'Europe et la Sibérie.

ES oiseaux, nous dit-on, courent légèrement,
à petits pas très prestes, sur la grève des
rivages; ils y viennent, pour ainsi dire, battre la lessive avec les laveuses, tournant tout le jour
à l'entour de ces femmes, s'en approchant familièrement, recueillant les miettes que parfois elles leur
jettent, et semblant imiter, du battement de leur
queue, celui qu'elles font pour battre le linge ; habitude qui a fait donner à cet oiseau le nom de
lavandière.

Ainsi parle Buffon. Il va sans dire qu'il ne faut
pas le prendre trop à la lettre, et qu'il n'y a rien
qui doive passer pour une imitation dans ce perpétuel mouvement de queue, qui est si frappant
chez les lavandières. Mais, pour leur être natu-

relle, cette habitude n'est pas moins curieuse. Nous l'avons rencontrée déjà chez un grand nombre d'oiseaux, d'abord chez le merle, qui ne se pose jamais sans hocher la queue aussitôt qu'il a pris terre ; puis plus prononcée, chez quelques-uns de ceux dont nous venons de parler, entre autres chez les traquets. Elle est encore plus remarquable chez d'autres espèces dont nous allons avoir à nous occuper, telles que la bergeronnette et les pitpits. Ce sont proprement les hochequeues, en tête desquels il convient de placer la lavandière, qui est le plus *hochant* des hochequeues.

La plupart des petits oiseaux sont des êtres nerveux, agités de mouvements involontaires. Quand ils chantent, tout leur corps tressaille, toutes les plumes frémissent. Au repos, ils ont des soubresauts singuliers. Quelques-uns paraissent avoir des tics. C'est un tic, le plus marqué, le plus répandu de tous, que cette habitude ou plutôt ce besoin de hocher la queue. Il tient, sans doute, à l'activité du sang et à l'excitation des nerfs. Chez la lavandière, nerfs et muscles ne cessent de jouer. Quand elle se pose, échauffée par la rapidité de son vol, elle est prise d'un véritable accès de hochements, comme si elle devait donner à cette longue queue mobile une compensation pour tout le mouvement qui a été imprimé aux ailes. Elle se calme peu à peu, mais sans qu'il y ait jamais interruption complète. Quand elle chante, elle bat

la mesure; quand elle court, elle hoche à la fois
la tête et la queue. Il n'y a de repos, pour la
lavandière que dans le sommeil, et de mouvement régulier que dans le vol, qu'elle a superbe,
à larges ondes, le plein vol d'une aile puissante.

Agile et toujours agitée, la lavandière n'a peur
de rien, ni de personne. Elle donne la chasse à
l'oiseau de proie. Quand elle en voit un dans les
airs, elle s'élance à sa rencontre, en appelant ses
compagnes, et bientôt toute une escouade ailée
s'évertue autour du rapace, l'importune de ses
cris, le poursuit à coups de bec, et ne le lâche que
lorsqu'il a pris le parti de la fuite. Alors les lavandières reviennent au logis, et comme le mouche-
ron de La Fontaine, après avoir sonné la charge,
elles vont, sur quelque haut perchoir, sonner
bruyamment la victoire.

Elles n'ont peur, non plus, ni de l'homme ni de
son activité. Au contraire, le mouvement les attire.
Souvent elles suivent le laboureur aux champs et
picorent dans les sillons que vient d'ouvrir la charrue; tout aussi souvent elles tiennent compagnie
à quelque gardeur de moutons et font la chasse
aux mouches sur le dos des brebis tondues de la
veille; on les rencontre également dans les rues
des villages, autour des étables où rumine le bétail; mais leur séjour préféré est au bord des ruisseaux, où les femmes battent le linge à la file, et
où, d'un pied nonchalant, viennent boire les trou-

peaux. Surtout, elles hantent les moulins rustiques, à la vieille mode, sûres qu'elles sont de trouver dans le voisinage quelque trou suffisant pour
abriter un nid grossier, fait à la hâte, et d'y voir
rassemblé autour d'elles tout ce qu'elles aiment,
tout ce qui peut servir à leur table ou plaire à leur
humeur folâtre : des chevaux, des vaches, des
moutons, des bergers, un train de campagne, des
terrains toujours arrosés, une roue qui tourne, de
l'eau qui jaillit, des canaux, des cascatelles, des
mouches qui tourbillonnent au soleil, des libellules
qui glissent sur les étangs, des poules à sauver de
l'oiseau de proie, des enfants qui s'ébattent pieds
nus, et des âmes charitables, hospitalières aux
petits oiseaux. La lavandière est là chez elle ; elle
fait partie de la maison, et le peintre qui s'attarde
pour tracer le tableau de cette pittoresque opu-
lence n'en emporte point une image complète s'il
n'y a pas logé quelque part, sur la fontaine, sur la
niche du chien, ou sur les barrages du grand ca-
nal, ce petit oiseau haut sur jambes, si gai dans
son costume demi-deuil, toujours prêt à ouvrir son
aile, et qui, en attendant de prendre son vol, balance au soleil une longue queue noire, bordée
d'un liseré blanc.

Le soir arrive, et la lavandière, heureuse d'avoir
chassé et remué tout le jour, voit approcher l'heure
du repos. Au printemps, quand les nids sont pleins,
chaque paire regagne son gîte ; mais en au-

tomne, elles ont des places de rassemblement, où elles viennent de toutes les parties du vallon, et elles ne s'abandonnent au sommeil qu'après avoir joué, chanté, sifflé et s'être fait mille niches. Il convient de bien finir une journée bien remplie, et comment la mieux couronner que par une réunion générale, où chacun raconte ses hauts faits? Les voilà donc qui pérorent toutes à la fois, jouant du bec et hochant la queue. Mais chez cette race irritable, tout est sujet à querelles. Celle-ci est trop près, celle-là a pris la meilleure place, cette autre a le verbe trop haut. Grande est la confusion, et le vacarme s'étend jusqu'aux extrémités de la prairie. Cependant la nuit devient sombre, et les yeux commencent à se fermer. Dormez bien, vaillantes lavandières. Ce jour a eu sa peine et sa tâche plus que suffisante. Celui de demain aura la sienne à son tour. Vaillantes lavandières, dormez en paix.

LA LAVANDIÈRE JAUNE

Ordre des Insectivores. Famille des Motacillidés. Genre Hoche-queue. — Longueur : 19 centimètres, dont 10,2 pour la queue. Tout le dessus du corps est gris foncé, le croupion vert ; les joues cendrées sont encadrées de blanc ; le mâle a la gorge noire au printemps. Tout le dessous du corps est d'un jaune citron ; les ailes sont d'un noir brunâtre et brillant, les pieds brun clair. En avril et en juin, une nichée de cinq œufs en général. Cette espèce n'habite guère que le midi et le centre de l'Europe.

DEUX beaux oiseaux que ces lavandières ! Celle-ci est la plus brillante. Elle habite aussi le bord des ruisseaux, mais non pas de tous les ruisseaux. Elle a une préférence marquée pour les ruisseaux de montagne, surtout pour ceux qui coulent à l'ombre des forêts. Rien n'indique qu'elle ait peur de l'homme et qu'elle cherche, par sauvagerie, des sites écartés. Si le cours d'eau près duquel elle a élu domicile vient à passer par un village, voire par une petite ville, elle y passera avec lui, et peut-être suspendra-t-elle son nid aux poutres d'un pont sujet à plier sous le poids des allants et des venants. Cependant on a d'autant plus de chances de la rencontrer que le ruisseau est plus solitaire, plus épaisse la forêt qui le couvre

LA LAVANDIÈRE JAUNE

de son ombre, plus caché le vallon dont il rassemble les eaux.

Seuls les promeneurs qui s'écartent des sentiers battus savent quelles successions de scènes variées offrent ces ruisseaux alpestres. Quand ils ne tombent pas d'un glacier, ils sont toujours limpides, si limpides parfois qu'on distingue à peine la ligne du rivage et qu'on peut compter les moindres grains de sable jusque dans les anses les plus profondes. Ils glissent de cascatelle en cascatelle, se frayant entre les blocs épars un chemin fait de caprices et de méandres, et partout entretenant sur leurs bords la richesse d'une végétation tropicale. Nulle part les hêtres ne s'élèvent à une hauteur plus considérable. Sous les arceaux du feuillage poussent les tiges creuses des hautes angéliques et les parasols des tussilages énormes. Les racines des arbres et les blocs entassés sont couverts de mousses épaisses, émaillées de fleurettes mignonnes. C'est dans ces plantureuses solitudes qu'aime à vivre la lavandière jaune. Elle cache son nid sous une pierre ou sous une souche de bois sec, aussi près que possible du bord, afin de pouvoir, en deux sauts, aller se baigner dans l'eau courante.

Elle n'est pas seule à y chercher sa vie. Les insectes aquatiques, qui y abondent toujours, les vers, les limaces, les mouches, les libellules, les petits poissons eux-mêmes, y attirent d'autres oiseaux, dont la chasse est une pêche, entre autres le joli merle d'eau, le cincle, comme on l'appelle aussi, qui voit s'écouler son existence parmi l'écume des ondes, et qui chante encore en hiver, quand à peine murmure le ruisseau. Un rigorisme peut-être excessif l'a fait écarter de cet ouvrage : le malheureux commet quelques larcins. Il mange, disent les pêcheurs, le frai des truites à points rouges ; il mange la truite elle-même, quand elle est petite, et c'est pourquoi les naturalistes, qui veulent qu'elle n'ait été créée que pour leur table, ont, de leur autorité privée, rangé le merle d'eau parmi les oiseaux nuisibles.

La lavandière jaune, mieux avisée, ne dispute point au roi de la création une de ses délicatesses favorites. Les petites truites peuvent, en toute sécurité, s'ébattre devant elle parmi les ondes transparentes, car elle se nourrit de mets plus grossiers, de mouches, de coquilles, d'insectes. Elle n'a pas, non plus, l'audace du merle d'eau ; elle ne sait pas plonger comme lui et faire la chasse au poisson en glissant sous la vague. Elle n'a pas davantage cette voix argentine, dont le timbre se détache sur la rumeur des flots ; elle n'a pas ce répertoire inépuisable de gammes, de modulations, de chansons ; mais elle ne contribue pas beaucoup moins à l'animation du paysage ; elle n'est pas moins agile, et, peut-être, dans sa gaie toilette, est-elle encore plus jolie à voir courir sur le gravier ou

folâtrer avec l'écume légère qui vient mourir à ses
pieds.

Dans la solitude où elle se plaît, la lavandière
jaune fait la même dépense de vie que sa sœur de
la plaine, près du moulin qui moud le grain. Elle
est, elle aussi, une image du mouvement perpétuel. Parfois elle entre dans l'eau jusqu'à la hauteur de ses pattes menues, et pendant qu'elle y
trempe sa gorge de velours noir et sa poitrine arrondie, ouatée d'un plumage doré, on la voit battre de sa queue frétillante la vaguelette qui blan-
chit et s'éloigne ; puis elle s'enlève d'un coup
d'aile, vole à une rive, vole à l'autre, rase les flots
d'un élan toujours rapide, se pose sur un bloc, repart, sautille sur la grève, avise une mouche, la
pique, s'envole encore, furette dans les grandes
feuilles des tussilages, et va de temps en temps se
faire balancer sur les ombelles des angéliques,
peuplées d'insectes diaprés ; on dirait alors une
fleur sur une fleur ; puis elle revient épier la vague,
et tout en voltigeant, jouant et se baignant, elle
ne cesse de jeter dans l'air un petit cri de joie, un
zisi, si, sis, sissis, qui lui échappe sans qu'elle y songe
et se prolonge parfois en trilles plus retentissants.
Hélas ! toute vie a ses fatalités : le renard et le pu-
tois, attirés par le bruit de l'eau, rôdent parfois
dans le voisinage de son nid ; néanmoins, s'il est
un oiseau dont l'existence éveille l'idée de la liberté, de la poésie et du bonheur, c'est bien la

lavandière de nos montagnes. Elle a tout ce qu'ont les autres habitants des bocages : mouvements faciles, grâce sémillante, abondance de pâture, verdure, fleurettes, ombre, fraîcheur, et par surcroît, l'éternel babil du ruisseau, les ébats sur la grève et les voluptés du bain parmi les cascatelles murmurantes.

LA BERGERONNETTE

Ordre des Insectivores. Famille des Motacillidés. Genre Bergeronnette.
— Longueur : 15,5 centimètres, dont 6 pour la queue. La tête cendrée,
le dos olive, l'aile brune, le dessous du corps jaune citron, les pieds
noirs. En automne, après la mue, le jaune est beaucoup plus pâle.
Cette espèce compte de nombreuses variétés, à tête verte, toute grise
ou noire. Elle est très répandue dans toute l'Europe, mais n'a qu'une
nichée par an, à la fin de mai.

BERGERONNETTE, oiseau des bergers : ce nom est une idylle.

Il est peu d'espèces, dans le monde des oiseaux, qui présentent des différences aussi nombreuses et aussi frappantes que celles qu'on remarque chez la bergeronnette. Non seulement le type normal se complique de plusieurs variétés ; mais, sans sortir du type, les modifications sont considérables d'une saison à l'autre, d'un âge à l'autre, d'un sexe à l'autre. La femelle ne ressemble pas au mâle ; les petits diffèrent beaucoup de leurs parents, même de la mère, et le père a ses deux costumes, un pour l'été, un pour l'automne. Nous avons eu déjà l'occasion de le remarquer : chez les oiseaux, le sexe fort est en même temps le beau sexe, et la jeunesse n'y est point l'âge favorable à la beauté. Le grand-père est plus beau que le père, et le bisaïeul l'emporte sur l'aïeul. Il en est ainsi des bergeronnettes. C'est un admirable petit oiseau que ce vieux chef de famille, père déjà de nichées nombreuses, quand il rajeunit encore une fois aux approches d'un nouveau printemps; tous ses enfants et petits-enfants pâlissent auprès de lui. Il a le dessous du corps, de la naissance de la gorge jusqu'à l'extrémité de la queue, d'un jaune éclatant. Une petit calotte, d'un gris cendré, lui habille le dessus de la tête, tandis que les plumes du dos, des ailes et de la queue, s'égayent de teintes variées, vertes ou brunes, heureusement assorties. Ce brillant costume est relevé par le fini des détails : un bec noir et propret; un œil vif, tout noir: des pattes d'un gris ardoisé; le pied bien fait et l'ongle fin. Tout est recherché dans cette toilette de choix, et le corps sur lequel elle s'ajuste est remarquable entre tous par l'élégance des formes, souples et sveltes, et par la grâce du profil.

Les mœurs de la bergeronnette tiennent le milieu entre celles des lavandières et celles des pitpits, voisins déjà des alouettes. Elle a les deux tics des lavandières, le hochement de la queue et celui de la tête : elle a aussi leur prestesse et leur génie remuant. Peut-être même les surpasse-t-elle pour la rapidité du vol et la soudaineté des mouvements. Aucun oiseau n'est plus habile à prendre les mouches au vol ou posées, et c'est un plaisir que de la voir, au moment de les happer, tendre indéfiniment son long cou dégagé. Mais, et c'est en quoi la bergeronnette se distingue des lavandières, pour se rapprocher des pitpits, elle a son nid posé à terre, d'où elle se plaît, comme les alouettes, à monter sur les mottes élevées pour épier ce qui se passe autour d'elle. Dans les volières, où elle est bien nourrie, elle se montre bonne camarade ; tout au plus claque-t-elle du bec pour éloigner de l'auget telle rivale qui vient troubler son repas ; mais, en pleine nature, abandonnée au rude combat de la vie, elle est très mauvaise voisine, jalouse, irritable, ardente, toujours prête à se jeter sur l'étranger qui se hasarde aux limites de ses terres. Elle a souvent maille à partir avec l'intrépide lavandière grise, qui lui fait payer cher son audace. Les deux espèces se rencontrent dans les champs qu'on laboure, dans les parcs aux brebis et dans les prés où pait le bétail. Les lavandières y font d'assez fréquentes excursions ; quant à la bergeronnette, elle y est, en quelque sorte à demeure. C'est là qu'elle trouve en plus grande abondance les deux gibiers qu'elle préfère, les vers et les taons gorgés de sang. Aussi, plus que tout autre, tient-elle fidèle compagnie à l'homme des champs. L'éclat de son plumage la fait reconnaître de loin sur les crêtes bosselées qui séparent les sillons. Elle ne craint pas de suivre de très près les laboureurs ; on la voit se risquer jusque sous les pas de celui qui est aux cornes de la charrue. Elle sait, par ex-

périence, que la chasse est d'autant plus fructueuse
que la terre a été plus fraîchement remuée. Elle
sautille de motte en motte, passant en revue avec
une prestesse qui tient du prodige toutes les saillies, toutes les écorchures de ce sol violemment
déchiré et qui fume sous le soc. Belles journées,
où la bergeronnette fait bombance en purgeant la
terre des larves et des vers blancs dont le sommeil
vient d'être brusquement dérangé! Puis, aux heures les plus chaudes, quand le travail est suspendu,
elle s'approche des chevaux ou des bœufs, qui se
reposent à l'ombre, et donne la chasse aux mouches qui les harcèlent. Ce sont des bergeronnettes,
sans doute, que Pierre Dupont a vues sur les cornes noires de ses « grands bœufs blancs tachés de
roux. » Si la terre est trop sèche, s'il n'y a pas de
charrue dans les champs, du moins y a-t-il des
troupeaux dans les pâturages, et c'en est assez
pour que la bergeronnette soit assurée de trouver
table mise. Du plus loin qu'elle peut les découvrir,
elle accourt, moitié volant, moitié sautillant, toujours gazouillant, et il n'est pas nécessaire de la
recommander à celui qui les garde, car il la connaît, il l'aime, et c'est un des plaisirs de sa solitude
de voir arriver par les chemins de l'espace cet oiseau que lui envoie le ciel, et qui vient délivrer de
leurs plus cruels persécuteurs la brebis dont la
laine habille ses enfants et la vache dont le lait
les nourrit.

LE PITPIT FARLOUSE

Ordre des Insectivores. Famille des Anthidés: Genre Pitpit. — Longueur : 14 centimètres. Tout le dessus du corps est d'un brun olivâtre tacheté de noir. La gorge et le ventre blanc jaunâtre ; la poitrine et les côtés du ventre nuancés de tons ocrés et tachés de brun foncé. Le bec brun, les pieds couleur de chair. Deux nichées à la mi-avril et à la mi-juin, de cinq œufs blanchâtres ponctués et rayés de brun.

OMBIEN il faut peu de chose dans l'organisation d'un être vivant pour changer son genre de vie et son rôle dans l'économie de la nature ! Voici un pied d'oiseau. Il compte quatre doigts, munis chacun d'un ongle plus ou moins long et plus ou moins recourbé. Trois de ces doigts se détachent en avant, le quatrième en arrière. Cette disposition permet à l'oiseau de se servir de ses pattes comme l'homme de sa main, pour saisir les objets, et c'est à elles qu'il doit de pouvoir percher. L'oiseau qui perche tient serrée la branche sur laquelle il repose. Il n'a besoin pour cela d'aucun effort. Le seul poids du corps fait jouer les muscles des doigts. La pointe de l'ongle, qui est recourbé comme le doigt, achève de le fixer et de rendre son équilibre parfaitement stable. Mais si l'ongle postérieur était rectiligne, et non crochu, l'oiseau ne pourrait plus saisir la branche ; il ne serait que posé, dans un équilibre instable. Ce détail a d'incalculables conséquences. Il semble qu'il y ait un rapport de nature entre l'arbre et l'oiseau et que l'un ait été créé pour l'autre ; mais c'est à la condition que cet ongle de derrière ait la courbure voulue. Cette condition venant à manquer, l'arbre n'est plus rien pour l'oiseau, et la forêt n'est plus son élément. Il en est réduit à marcher sur la terre, comme les quadrupèdes, sauf à prendre de temps en temps son vol, pour avoir aussi sa part de vie aérienne.

De là viennent quelques-uns des plus singuliers contrastes qui existent entre les mœurs de tant de petits êtres qu'on croirait destinés à vivre de la même manière. Quelle différence entre la mésange et l'alouette ! La première ne sort, pour ainsi dire, jamais du feuillage, tandis que la seconde reste clouée au sol, à moins qu'elle ne s'envole en ligne directe, comme pour monter au ciel. L'une a l'ongle postérieur crochu, l'autre l'a rectiligne. Entre ces deux types extrêmes, on compte une quantité d'intermédiaires, parmi lesquels se place le groupe des pitpits.

Le pitpit farlouse est déjà presque une alouette ; c'est une ébauche de l'alouette. Il en a le manteau brun, couleur de terre. Aussi se confond-il avec

les mottes des sillons, ou plutôt avec le terreau
noir des prairies tourbeuses, car au lieu d'habiter
les champs secs et sablonneux, en compagnie de
l'alouette, il cherche le voisinage des fossés, des
étangs, des eaux permanentes. Cette différence de
goût leur épargne des querelles sans nombre, les
deux espèces ayant la prétention de n'être pas
dérangées. Le pitpit cache son nid dans l'herbe, et
s'en éloigne peu. Il passe des heures à courir à
petits sauts dans les environs immédiats, le corps
droit, le cou tendu, l'œil au guet. Ce vagabondage
est interrompu par de courtes pauses, qu'il met à
profit pour observer. Quand il a découvert une
proie, il fond sur elle, de toute sa vitesse, d'un seul
temps de course. Tous ces oiseaux à ongle postérieur non recourbé, inhabiles à percher, incapables d'aucune voltige autour des branches, sont
de très habiles coureurs. C'est une de leurs spécia-
lités, et ce talent supplémentaire, ajouté à celui
du vol, leur rend les plus grands services à la
chasse. Sur un sol uni, ils font merveille. Cela est
vrai de presque tous, mais plus frappant chez le
pitpit farlouse, parce qu'il ne se cache point dans
les lieux touffus, aimant à chasser et à flâner au
grand jour, sur la vase humide, sur les grèves de
sable et les gazons ras. Redoutable aux insectes
qui passent à sa portée, il ne l'est pas moins aux
braconniers qui ne respectent pas ses propriétés.
Cet oiseau, terne de couleur, a de la physionomie

et du courage : il se fait respecter. Quoique moins
artiste que l'alouette, il s'élève aussi dans les airs
pour chanter ; mais il ne va pas très haut, et bientôt il retombe, ailes fermées, pour aller achever
sa chanson de noces sur une simple touffe de gazon, ou même sur la terre nue. En automne, quand
la vie à deux a cessé, les pitpits se réunissent en
grandes troupes, puis, après quelques explorations
préparatoires, ils partent pour le Midi. Leurs vols
sont considérables, et ils ne peuvent souffrir d'être
détachés du gros de l'armée. Ceux qui se laissent
attarder ne cessent de crier et d'appeler, jusqu'à
ce qu'ils aient rejoint. Ils se sentent plus en sûreté
quand ils cheminent nombreux, ce qui ne les empêche pas de venir tous ensemble donner dans les
pièges qu'on leur tend sur la route. On les chasse
comme les alouettes, au miroir. Il vaut bien la
peine, vraiment, d'avoir des ailes et de voler à
force pour se laisser distraire par le premier objet
qui brille. O troupe naïve, éternellement naïve,
l'expérience ne vous a-t-elle donc rien appris ? Que
l'oiseleur soit incorrigible, cela se comprend : mais
ce qui confond l'imagination, c'est que, depuis tant
de siècles, alouettes et farlouses ne se soient pas
encore corrigées.

LE PITPIT SPIONCELLE

Ordre des Insectivores. Famille des Anthidés. Genre Pitpit. — Longueur : 16 centimètres. Entièrement d'un brun pâle à liserés clairs sur l'aile. Un trait clair sur l'œil; le ventre et le bord de la queue blancs; le bec et les pieds couleur de corne. En général une seule couvée de quatre à sept œufs.

———

LE pitpit farlouse, dont nous venons de parler, est un ami de la plaine; celui des buissons hante la région montagneuse; la spioncelle niche en pleine Alpe, jusqu'aux confins des neiges qui ne fondent pas.

Le pitpit des buissons ressemble tellement à la farlouse qu'on a peine à les distinguer; il est un peu plus gros, et il a le dos d'un brun moins sombre; mais surtout il a l'ongle postérieur un peu plus recourbé, ce qui suffit pour changer son mode d'existence. La farlouse est incapable de se tenir sur une branche, sauf sur les plus épaisses, tandis que son frère des buissons ne craint pas d'aller percher à la flèche même des plus hauts sapins, où l'on voit sa silhouette se profiler sur l'azur. Il y trahit sa présence, même aux yeux mal exercés,

par le hochement de queue qui est son tic familier.
C'est, à proprement parler, un oiseau de lisière de
forêt. Son nid est sur le sol, et il passe la plus
grande partie de ses journées à chasser parmi les
hautes herbes, dans les pâturages buissonnants,
dans les endroits vagues et couverts; puis, au
premier danger, il vole d'un trait à la forêt. C'est
aussi là qu'il va chanter, lorsque, dans l'ivresse
des fiançailles, il publie les joies d'une existence
qu'en toute autre occasion il n'est jaloux que de
cacher.

Le pitpit spioncelle nous ramène aux vrais pitpits, qui n'ont rien à démêler avec les hôtes des
bois et ne connaissent, en fait de voltige et de
gymnastique, que celle de la course, à petits sauts
pressés. Ses mœurs ont la plus grande ressemblance avec celles de la farlouse; la principale différence est dans le séjour préféré. La farlouse
hante les marais de la plaine et la spioncelle ceux
des Alpes, même des hautes Alpes. Le voyageur a
beaucoup de chances de la rencontrer, lorsque,
parvenu à la limite de la végétation arborescente,
il quitte les sentiers battus pour explorer les terrasses supérieures. L'eau coule ou suinte de partout sur ces hauts plateaux. La provision en est
entretenue par l'irrégularité de la fonte des neiges,
dont le tapis uniforme commence par se trouer de
taches vertes et ne disparaît que peu à peu, pour
faire place à un tapis de verdure moucheté de

taches blanches. Et quand la dernière tache blanche est fondue, encore reste-t-il les réservoirs des glaciers, qui alimentent d'innombrables ruisselets. Le sol a peine à absorber tant d'eau ; aussi rien n'est-il plus commun à cette altitude que de petits marécages coupés de bancs de rochers, en sorte qu'on passe à chaque instant d'un terreau noir aux graviers cristallins, ou de la tourbe spongieuse à la roche compacte. D'une main, on cueille les fleurs du granit, les auricules roses, les saxifrages moussues ; de l'autre, les laiches humides et les linaigrettes à chevelure d'argent. On croit être seul dans ce désert fleuri, lorsque, tout à coup, on entend un petit bruit à vingt pas ; c'est le pitpit spioncelle qui épiait quelque vermisseau, entre deux touffes de laiche, et qui, non moins surpris que le voyageur, s'enfuit de toute la vitesse de ses pieds agiles, sautillant et clapotant dans la vase. Vingt pas plus loin, un second oiseau, également vêtu de brun et de blanc, se lève d'entre les blocs et vole à quelque autre oasis de rocher. C'est encore un pitpit spioncelle, peut-être la femelle du premier, qui se chauffait au soleil, à moins qu'elle ne fût sur ses œufs, dans son pauvre nid, sous une anfractuosité de la pierre. C'est une existence qui ne paraît guère enviable et qui est sujette à de cruelles déceptions que celle de l'humble pitpit des montagnes. Sa première couvée, qu'il fait dès le mois de mai, plus près de la lisière des bois, or-

dinairement sous quelque pin rabougri, est souvent
dérangée par les retours de l'hiver ou par la visite
imprévue d'un renard affamé. Néanmoins, on ne
peut pas dire qu'il ait l'humeur morose ; il est plus
tranquille que mélancolique. Il chante mal, d'une
voix criarde ; mais il chante tant qu'il peut, ce qui est
la marque d'un esprit content, et il faut que la faim
l'aiguillonne pour qu'il quitte, en octobre, les solitudes des Alpes. Il ne descend d'abord que le moins
possible ; il se fait chasser par la neige, de station
en station. Jusqu'à ce que l'hiver soit bien établi,
on a peu de chances de le voir dans les vastes marais de la plaine. Il y fait enfin son apparition ;
mais il y est comme dépaysé, toujours solitaire et
muet. Le chasseur l'y rencontre immobile sur la
berge d'un fossé envahi par les glaces. On ne sait
de quoi il vit. Il ne vit pas ; il songe, il compte les
jours de son exil. Enfin, le souffle du printemps
dissipe la brume du marais. Les pitpits sont des
premiers à en sentir la chaleur. Ils s'éveillent, s'a-
gitent, se rassemblent sur les hauts peupliers qui
bordent les chaussées ; puis, un matin, quelque
vieux mâle donne le signal, et, d'un seul mouvement, toute la troupe s'élance vers ses montagnes
chéries… Là-haut ! Là-haut !

L'ALOUETTE

Ordre des Insectivores. Famille des Alaudidés. Genre Alouette. — Longueur : 17 centimètres. Tout le corps est brun châtain, avec une quantité de taches noirâtres, plus grandes et plus nombreuses sur le dos qu'ailleurs. Le ventre presque blanc. La poitrine d'un roux jaunâtre. L'alouette pond déjà en mars et a jusqu'à trois couvées par an, en général de cinq œufs, d'un blanc verdâtre ou terreux, parsemés de taches grises et brunes, qui forment un cercle au gros bout. Cette espèce habite l'Europe, l'Asie et l'Afrique.

Voici l'alouette, une des gloires de la création !

L'alouette est l'oiseau qui ne perche pas, l'oiseau qui n'a pour vivre que le sol et le ciel.

A la terre son nid : un nid qui a exactement la couleur des sillons, formé de racines et de brins de chaume, berceau rustique où quelques crins de cheval tiennent lieu d'édredon. L'alouette huppée lui choisit un emplacement dans les bruyères ; l'alouette lulu, amie de l'homme, le construit plutôt parmi les légumes des maraîchers ; l'alouette ordinaire l'établit en pleine campagne, dans les moissons peu serrées, ou parmi le trèfle et l'esparcette des prairies sablonneuses. Une motte de terre ou une touffe d'herbe lui suffisent à le cacher.

C'est à la terre aussi que les alouettes demandent leur nourriture, qui consiste en graines cultivées ou sauvages, et plus encore en insectes, surtout pour les jeunes. Elles ne prennent point les insectes au vol; elles les piquent sur le sol ou parmi le gazon ras; les scarabées, les sauterelles, les araignées, les chenilles, les nymphes, les larves de toute espèce, font les frais de leur cuisine. Au premier printemps, quand il n'y a pas encore de graines et que les insectes sont cachés, elles broutent les jeunes feuilles et les bourgeons des herbes tendres.

Comme elles sont très nombreuses, l'espace leur fait défaut parfois. Il faut que chaque couple se contente d'un champ restreint autour du nid. Les places de choix, ni trop arides, ni trop plantureuses, sont les plus disputées. Surtout elles aiment à avoir dans leur parc de chasse une motte de terre élevée, une borne, une miniature de colline, qui leur tienne lieu de belvédère. Quand elles y sont en sentinelle, elles ne souffrent l'approche d'aucun autre oiseau; d'ailleurs, une fois établies, elles surveillent d'un œil jaloux les empiétements des voisins, et les guerres sont fréquentes sur les frontières de ces petits royaumes, insuffisants et mal définis.

La vie de l'alouette femelle se passe dans ces étroites limites. C'est là, entre les tiges des blés, parmi les liserons roses ou l'esparcette empourprée, que son heureux époux, au retour de ses fugues aériennes, vient coqueter autour d'elle ; c'est là qu'elle couve, silencieuse, toujours seule sur ses œufs tachetés ; c'est là qu'elle entreprend et mène à bien l'éducation de sa jeune famille, leur donnant à tous la becquée, les rassemblant sous ses ailes, prenant ses ébats avec eux et voltigeant au-dessus des herbes pour les surveiller tous à la fois. Peu d'oiseaux ont au même degré l'instinct de la maternité. Il se développe chez elle avant l'instinct conjugal, et l'on assure que les alouettes d'une seconde couvée trouvent dans leurs sœurs aînées de petites mères pleines de tendresse et de dévouement.

Le mâle prend aussi sa part des soins domestiques ; il chasse pour ses petits et les accompagne dans leurs premières sorties ; surtout, il est époux jaloux et fidèle ; mais il a sa vie au dehors, ses fonctions d'oiseau-poète, appelé à jeter sa note dans le concert de la création. Cette race a deux instincts également puissants, que la nature a partagés entre les deux sexes. A la mère les tendresses infinies et les délices du nid sous l'herbe ; au père le vol et le chant. Dans les longs jours du premier été, quand ondoient les moissons grandissantes, à peine voit-on l'orient rougir que déjà s'élancent les alouettes. En haut ! toujours en haut ! De moment en moment, elles s'arrêtent, suspendues ; puis il leur prend une impatience d'être encore si

près de la terre, et par un élan nouveau elles s'en-
foncent de plus en plus dans l'espace. Que vont-
elles faire dans cette immensité ? Si l'on en croit
Buffon, l'alouette ne s'élèverait ainsi que pour
chercher du regard une femelle qui lui convienne.
Le moyen serait bizarre. Le peuple en donne une
raison plus simple. Il croit que les alouettes ont le
cœur joyeux, qu'elles chantent pour le plaisir de
chanter et qu'elles volent pour le plaisir de voler ;
il se figure même que le ciel est pour les oiseaux
ce qu'il est pour les hommes, le séjour d'une divi-
nité. C'est pourquoi le paysan, dans sa foi naïve,
les encourage à monter haut, bien haut, « prier
Dieu qu'il fasse chaud. » Nous croyons, avec le
paysan, que c'est le bonheur qui fait envoler l'a-
louette. Comment, du fond d'un maigre sillon, jeter
ces roulades perlées et ces trilles étourdissants ? Il
faut l'étendue à sa voix. Les oiseaux des arbres
vont chanter à la cime des arbres ; elle, qui n'a
point d'arbres, va chanter au ciel. Et plus elle
monte, plus elle se sent d'allégresse, plus aussi la
note retentit. On ne la voit plus qu'on l'entend
encore. Souvent on peut en entendre plusieurs à
la fois. Elles s'excitent mutuellement ; et tout ce
peuple de chanteurs, sorti des blondes moissons,
va répandre sa joie dans les espaces illimités. Parfois le faucon interrompt la fête ; parfois l'ouragan
les emporte ; mais quand rien ne les dérange, elles
montent à des hauteurs vertigineuses ; puis, comme

si elles se rappelaient soudain que quelqu'un les
écoute et les attend, elles retombent du ciel au
bord de leur nid.

Alouettes, vives alouettes, chantez et multipliez.
Voici l'automne et les migrations périlleuses. Les
chasseurs vous épient ; miroirs et gluaux se préparent. C'est par milliers de milliers que vous allez
périr en voyage. Ainsi est la vie : tout y est joie,
tout y est piège. Les saisons se succèdent et ne se
ressemblent point. Alouettes, vives alouettes, chantez et multipliez.

LE CHARDONNERET ÉLÉGANT

Ordre des Granivores. Famille des Fringillidés. Genre Chardonneret. — Longueur : 12,5 centimètres. Face rouge cramoisi; joues et gorge blanches; le dessus de la tête avec une tache en faucille qui encadre la joue noire. La poitrine et le ventre blancs, tachés de brun roux sur les côtés; le dos brun; la queue et les ailes d'un noir de satin, avec chaque grande plume portant une tache arrondie de blanc pur. Deux couvées par an d'environ cinq œufs bleuâtres, ponctués de gris violet et de brun. Les jeunes n'ont pas de rouge ni de noir à la tête, qui est d'un gris jaune plus ou moins clair avec des taches plus foncées.

Qu'y a-t-il à dire de nouveau sur un oiseau si généralement connu, si généralement aimé, tellement populaire qu'il est, à lui seul, l'objet d'un commerce aussi grand que toutes les autres espèces réunies ? Rien, sinon que toutes les popularités sont discutées, qu'il y a toujours dans l'ombre quelque observateur narquois qui épie et dénonce le succès, et que le chardonneret ne fait pas exception à la loi commune. Et cela même n'est pas nouveau. Vieux est le procès, toujours pendant, toujours actuel; il durera probablement aussi longtemps qu'il y aura des marchands pour vendre les petits oiseaux et des amateurs pour les acheter.

LE CHARDONNERET ÉLÉGANT

— Oh! la belle toilette! dit la foule charmée; du rouge cramoisi, du noir soyeux, du blanc, du jaune! Est-il possible d'être paré de plus brillantes couleurs?

— Brillantes! répond le critique morose.... Arlequin aussi est brillant. Y a-t-il la moindre grâce à ce gros bec écrasé contre cette face cramoisie? Et cette cravate blanche! Et ce frac noir à longs pans, galonné de jaune et boutonné de blanc! Ne dirait-on pas une livrée de chambellan?

— Vous êtes bien sévère pour un oiseau si facile à nourrir, si doux en cage...

— Oui, excellent à mettre en cage, afin que les jardiniers de la banlieue puissent vendre les graines qu'il n'eût pas manqué de leur dérober à la première saison d'automne. Et de quel droit lui faire une place dans un livre qu'on dit consacré aux seuls oiseaux utiles? Ne sait-on point les ravages qu'il fait dans les potagers? Oh! s'il s'en tenait à ces chardons, dont il a pris son nom! Mais nos légumes, nos choux, nos salades!

— Vous oubliez les insectes dont il nourrit ses petits au printemps. Et son chant, le comptez-vous pour rien?

— Son chant est de troisième ordre.

— Et son bon naturel! Et son honnête caractère!

— Son bon naturel consiste à réclamer partout la première place. C'est ce qu'il fait en liberté, où

16

il lui faut toujours la plus haute branche des arbres. C'est ce qu'il fait en captivité, où il est pris de jalouse rage quand un confrère veut partager avec lui le plus haut bâtonnet. Telle est la fierté de cet honnête caractère : elle consiste à s'accommoder de la servitude le plus galamment du monde, moyennant qu'on ménage la susceptibilité de sa vanité chatouilleuse.

Rendez au moins justice à ses petits talents.

Oui, de petits, très petits talents. Un bon professeur peut lui apprendre en huit jours à faire le mort dans la main, à monter sur le bout de l'index, à passer d'un index à l'autre, à venir boire dans la bouche, et même à faire *le grand soleil*, c'est-à-dire à se tenir cramponné à un bâton qu'on fait tourner avec lui..... Voilà ses arts, en effet ! Mais quant aux nobles arts de la liberté, il n'est le premier dans aucun, pas même dans le vol, quoiqu'il ait l'aile bien prise et qu'il vole vite quand il a peur. Gymnaste pesant, mauvais coureur, artiste...

Assez, assez, critique impitoyable !... Viens çà, messire chardonneret, que je te donne l'absolution. Tu peux être inférieur dans tous les genres à certaines races d'élite comme il s'en trouve parmi les oiseaux ; mais le jour où la nature t'a créé, elle a voulu faire plaisir à la majorité du genre humain, qui n'est pas non plus composée de races d'élite ; et c'est pourquoi elle t'a donné ces qualités moyennes qui ont beaucoup de succès, parce qu'elles sont très répandues, et parce que chacun aime à se retrouver dans les objets de son admiration. Plus de richesse que de beauté, moins de génie que d'agréments, moins de fierté que de fatuité, un ramage plus varié qu'original, plus étudié qu'inspiré, mais toujours prêt, toujours caressant, avec des notes sonores, toujours accompagné de mouvements persuasifs, de grands haut-le-corps : avec cela on fait son chemin dans le monde, surtout quand on y ajoute le talent de s'apparier à plus haut que soi. La sagesse peut gronder lorsqu'elle voit de son coin les chardonnerets politiques briguer les suffrages sur la grande scène du monde ; mais quand c'est un petit oiseau qui chante tranquillement dans sa cage, la sagesse consiste à sourire. La vanité des hommes est laide, parce qu'elle est calculée et prétentieuse ; celle des enfants est charmante, parce qu'elle est naïve et sans conséquence. Ta grâce est d'être un enfant, à qui l'on pardonne tout, en qui tout est aimable, même cette gravité d'emprunt, même ces grands airs et ces petits tours, même cette livrée de majordome, même cet amour du haut bâton, où tu perches si complaisamment. Il n'est pas vrai d'ailleurs que tu ne sois le premier en aucun genre. Si tu n'as pas les grands talents, du moins as-tu l'industrie, et nul ne te surpasse dans l'art de se faire une maison. Aucun nid n'est plus que le tien soli-

dement assis sur la branche élevée où tu le caches
et l'abrites ; aucun n'est plus exactement tissé de
matériaux mieux choisis ; aucun n'est plus chau-
dement doublé de plus fin édredon ; aucun n'est
plus gentiment arrondi, plus ingénieusement fa-
çonné, avec ses rebords protecteurs, qui font saillie en dedans, et le garantissent contre les vents
et la pluie. Laisse donc murmurer la critique, heureux chardonneret ; bâtis-en beaucoup de ces nids
qui sont des chefs-d'œuvre, remplis-les d'œufs
abondants, foisonne et multiplie ; peuple les arbres de nos vergers, peuple les cages de nos maisons ; il n'y en aura jamais assez de ces petits oiseaux que la nature a répandus dans le monde
pour se pavaner dans leur parure innocente et y
entretenir le sourire d'une enfance perpétuelle.

LE TARIN

Ordre des Granivores. Famille des Fringillidés. Genre Tarin. — Longueur : 11,5 centimètres. Le mâle a la tête jaune citron, recouverte d'une calotte noire, la poitrine également jaune, le ventre blanc avec des raies longitudinales noires; le dos est vert, rayé de noir. La femelle n'a que du gris verdâtre sur la tête, le blanc du ventre monte jusqu'à la gorge. Les deux nichées annuelles ont lieu en avril et en juin. Les jeunes ressemblent à leur mère, avec plus de taches encore.

AMILIER et sauvage, le tarin réunit des caractères opposés. Il ne fait pas de grandes migrations; il ne passe guère les mers; mais il est très errant et vagabond. Au printemps, il recherche les forêts les plus sombres, les sapinières sur le flanc des montagnes. Il s'y construit un nid très soigné, presque aussi bien fait que celui du chardonneret. Jamais il ne le confie à un arbre qui ne soit pas touffu par le bas, et il l'établit à quinze ou vingt mètres du sol, au plus épais du feuillage, ce qui le rend très difficile à découvrir. Une gracieuse légende veut que le tarin y mette une petite pierre, qui a la vertu de le rendre invisible. Quand ses enfants ont pris leur volée, il jette la pierre, et chacun peut voir le nid abandonné. Celui qui a la bonne fortune de trouver la pierre du tarin peut se rendre invisible lui-même.

Au printemps et jusque assez avant dans l'été, le tarin ne vit guère que d'insectes. Il en nourrit exclusivement ses petits. Mais ses mœurs changent avec la saison où mûrissent les graines. Souvent on le voit occupé à dépouiller les cônes des sapins, amande après amande. Il s'y prend d'une manière adroite et originale, se suspendant des pattes au cône lui-même ou à la branche qui le porte, et travaillant la tête en bas, afin que le bec se glisse plus facilement entre les écailles inclinées. Mais il y a d'autres graines, hors des bois, dont il est encore plus avide; il se fait un régal de celle de l'aune, il adore celle du pavot. Quand il les sait à point et qu'il ne voit plus dans la nature, aussi loin que portent ses regards, qu'une riche table servie par le bon Dieu en l'honneur des petits oiseaux gourmands, il quitte ses retraites et va butiner dans le vaste monde. Il ne voyage pas seul, mais par troupes nombreuses et serrées, dont chacune correspond à une colonie de nids. Ces troupes vagabondent par monts et par vaux, sans souci des frontières, passant d'un pays à l'autre au gré de leur fantaisie, faisant des haltes au sommet des arbres, s'abattant pour aller festoyer en lieu propice, puis tout à coup, selon les menaces du ciel, remontant à tire-d'aile vers les refuges de la forêt. Le paysan les connaît bien; il va parfois frapper du pied le tronc de l'arbre où reposent les tarins, pour s'amuser de leur fuite effarée. L'oiseleur aussi les connaît, et la troupe diminue en chemin. Mais ceux à qui il arrive malheur ne se laissent point gagner par la mélancolie, et l'enfant des grands bois devient le plus aimable des oiseaux prisonniers.

On en élève beaucoup. Leur chant, qui est gracieux, sans être très varié, ni très sonore, compte parmi leurs titres à la popularité. La gaîté de leur toilette leur vaut aussi quelques suffrages. Néanmoins le titre principal du tarin est l'agrément de son humeur, sa facilité à se laisser instruire et l'heureuse influence qu'il exerce sur ses compagnons de captivité.

On n'a jamais réussi à enseigner au tarin l'imitation du chant d'autrui ; ce point réservé, il a tous les talents et l'on peut lui apprendre toutes les industries. Aucun représentant de la race ailée n'est plus souvent promené de foire en foire. C'est l'oiseau savant par excellence. Il accourt à l'appel d'une sonnette, parfois il tire la sonnette lui-même. Il vient tout familièrement se poser sur la main de son maître ; il passe du pouce à l'index, de l'index au doigt majeur et continue jusqu'au petit doigt : puis il revient, en sautant un doigt, deux doigts, trois doigts, à volonté. Comme récompense, il va picorer un morceau de sucre, qu'on lui présente dans la bouche, entre les dents. Puis, voici la voltige étourdissante du *grand soleil*, le *nec plus ultra* du chardonneret ; ensuite, le travail aux engins, exactement comme pour les gymnastes : il fait tourner des roues, il grimpe aux échelles, il tire les seaux d'un puits. On apporte enfin un jeu de cartes, et il passe aux exercices de l'intelligence. Il connaît la dame de pique ; il ne se trompe point sur le valet de carreau ; il annonce correctement un binocle. Surtout il est fort sur les questions de mariage : aussi dit-il la bonne aventure avec un à-propos et un aplomb merveilleux.

Le talent de ses talents est d'être heureux et de répandre la joie. Le tarin est toujours le bienvenu dans une cage. Chardonnerets, serins, canaris, l'accueillent avec empressement, et les mariages entre eux ne sont point chose rare ; ils sont même féconds quelquefois. Cependant le tarin captif paraît attacher moins de prix à l'amour, qui est une passion exclusive et jalouse, qu'aux doux plaisirs de l'amitié. Il devient familier, dès le premier jour, avec tous les habitants de la cage ; on le voit passer de l'un à l'autre, badinant, jasant, coquetant, et leur faisant de petites niches, qui ne tournent point à mal. Un tarin dans une volière y est un rayon de soleil. Mais il ne lui suffit pas d'être bien avec chacun. Il veut connaître les joies de l'amitié à tous les degrés, et c'est pourquoi, entre tant d'amis, il a coutume d'en choisir un qui devient le préféré, le seul intime. Il perche à côté de

lui et ne cesse de le caresser; il va lui chercher à
manger et lui donne la becquée, comme une mère
à son enfant. Si la provision n'est pas suffisante,
il se prive de nourriture plutôt que d'en laisser
manquer son ami, ce qui est de sa part une grande
marque d'affection, car les tarins ont de l'appétit
pour deux. Que vous dirai-je? La nature a des
contrastes pareils : cet oiseau des bois, qui n'en
sort que par gourmandise, ce gros mangeur, au
besoin, bateleur de foire, toujours gai, toujours
épanoui, est encore un artiste..... un artiste en
amitié.

LA PIE-GRIÈCHE

Ordre des Insectivores. Famille des Lamidés. Genre Enneoctone. — Longueur, 17.9 centimètres. La tête cendrée, le dos roux, le croupion cendré, toute la partie inférieure du corps d'un jaune rosé très pâle. Le bec et une large bande à travers l'œil noirs. La queue noire et blanche. La femelle et les jeunes ont la bande sur l'œil brune ; sur la poitrine et les côtés du ventre des zébrures brunes. Une seule nichée de cinq à six œufs. On trouve cette pie-grièche en Europe, en Asie, en Afrique et dans l'Amérique du Nord.

EST-IL permis de ranger un oiseau de proie parmi les oiseaux utiles? Oui et non. Il n'est pas toujours facile de faire le bilan des services rendus et des dommages causés. Dans le doute, nous sommes plutôt favorables. Nous avons déjà rencontré de ces cas embarrassants. Nous nous sommes demandé, à propos de certaines espèces, si les insectes détruits compensaient les graines croquées. Mais pour la pie-grièche, la question est plus grave. C'est un vrai carnassier. Elle attaque et tue d'autres oiseaux ; surtout elle en veut à leurs petits. Elle les guette pendant qu'ils sont au nid, pour les enlever aussitôt que, d'une aile incertaine, ils se livreront à leurs premiers ébats. C'est le moment où elle les juge à point. Elle tue aussi d'autres innocents, les lézards, les orvets. Voilà

son crime : gardons-nous de l'atténuer. Si elle ne
le rachetait que par la quantité, très grande, de
hannetons, de carabes, de sauterelles, de souris et
de mulots qu'elle détruit chaque année, son procès
serait vite jugé. Mais la pie-grièche, toute sangui-
naire qu'elle est, sauve plus d'oiseaux qu'elle n'en
fait périr. Elle est ennemie jurée de tous les autres
carnassiers, et, avec son audace indomptable, elle
les attaque, les harcèle et les oblige à chercher
leur salut dans la fuite. Les pies ordinaires, les
grandes pies noires et blanches, voleuses d'œufs,
ne sont pas tolérées dans le voisinage d'un nid de
pie-grièche. Les buses, les milans fuient devant elle.
Elle monte la garde sur la plus haute branche d'un
arbre, de manière à voir au loin, et dès qu'apparaît un oiseau de proie, elle jette son cri d'alarme,
un garde-à-vous bien connu des petits oiseaux, et
elle fond sur l'ennemi. Aussi dans quelques contrées, le peuple lui a-t-il donné un nom d'honneur,
qui témoigne de ces utiles fonctions. En Allemagne on l'appelle le *Wächter*, c'est-à-dire le guet
ou la sentinelle. La nature a de ces contrastes :
les plus cruels font l'office des meilleurs. Faut-il
s'en étonner ? Ne sont-ce pas autant de pies-grièches, tous ces princes, tous ces hobereaux, tous
ces bourgeois enrichis, qui entretiennent à leur
usage un parc de chasse et font multiplier le gibier
réservé à leurs seuls plaisirs ? Est-ce l'homme qui
a pris exemple de la pie-grièche, ou la pie-grièche

qui imite l'homme? L'homme et la pie-grièche sont deux rapaces intelligents, chez qui l'intérêt bien entendu sert et corrige la brutalité des appétits.

Il y a plusieurs espèces de pies-grièches : la grise, la rousse, l'écorcheur, et celle à poitrine rose. Malgré quelques différences de plumage, elles ont toutes la même physionomie. La plus grosse, la grise, a justement la longueur du merle (24 cm.), et elle lui cède de quelques centimètres pour l'envergure (35 contre 38 cm.); la plus petite, l'écorcheur, dépasse à peine la taille du rossignol. Ce sont des oiseaux chanteurs, tous plus ou moins habiles à imiter le ramage de leurs victimes. Quelques-uns y mêlent des sons aigus et criards, qui leur appartiennent en propre. Mais le plus cruel de tous, l'écorcheur, est un chanteur de premier ordre, le premier, peut-être, parmi ceux dont le talent est d'imitation, non d'inspiration. Une pie-grièche écorcheur, bien apprise, peut tenir lieu d'un rossignol, d'une grive, d'une fauvette, d'un pinson, d'une alouette et d'une caille : six oiseaux en un ! Et notez qu'il faut avoir l'oreille fine pour n'y être pas trompé. Mais ce qu'il y a de plus étonnant, c'est que ces oiseaux sanguinaires sont tous des modèles de vertus domestiques. Ils n'ont rien de l'humeur farouche des grands carnassiers, qui, dans leurs petits, voient déjà des rivaux. Les pies-grièches vivent en famille, et les enfants ne se séparent des parents que lorsque l'instinct de la na-

ture les pousse à constituer de nouveaux ménages.
Enfants et parents se caressent et se défendent
mutuellement, et les familles se réunissent pour
former de petits vols en automne, au temps de
leurs explorations ou de leurs migrations. Et cependant la pie-grièche est bien un oiseau de proie.
Elle en a tout l'aspect : bec puissant et recourbé,
face large, crâne aplati, et l'ongle qui est déjà une
serre. Elle en a aussi la voracité. Un petit oiseau
qui s'égare à sa portée est irrémédiablement perdu.
S'il est trop fort et qu'elle ne puisse pas le tuer du
coup, elle le mord à l'aisselle, pour l'achever à
loisir. Ensuite, elle l'emporte sur un buisson, qui
lui sert de charnier, et l'embroche sur une épine,
pour le dépecer plus commodément. Tant d'industrie ajoute à l'effroi qu'elle inspire. Mais où elle se
relève, c'est quand elle fond sur le milan ou la
buse. Son agilité et sa petitesse même lui assurent
des avantages dans ces combats inégaux. Elle se
retourne plus vite et frappe plus sûrement. Parfois la lutte est si violente que les deux adversaires
tombent ensemble et s'assomment du coup. Il n'y a
pas chez les oiseaux de plus brillant exemple d'audace. La pie-grièche est de la race des brigands, mais
de ces brigands hardis qui n'ont rien de commun
avec les lâches coquins, et dont les exploits, propi-
ces aux légendes, ont de tout temps frappé l'imagination populaire. C'est l'aigle nain, c'est le vautour
mouche : plus il est petit, plus il est étonnant.

L'ÉTOURNEAU

Ordre des Insectivores. Famille des Sturnidés. Genre Étourneau. — Longueur : 19 centimètres. Tout le corps est noir à reflets verts, bleus, pourpres et violets. Chaque plume est terminée par un point jaunâtre sur les parties supérieures, blanc de lait sur les parties inférieures. Chaque plume des ailes et de la queue est de même bordée de brun clair chez la femelle, de brun plus foncé chez le mâle. Au printemps, les plumes usées n'ont presque plus de pointes claires, ce qui rend l'oiseau très brillant. Les jeunes sont tout gris. En avril et en juin, deux couvées de quatre à sept œufs verts. On trouve l'étourneau en Europe, en Asie et en Afrique, depuis le cap de Bonne-Espérance jusqu'en Sibérie.

Nous voici en présence du plus sociable des oiseaux. C'en est aussi le plus répandu, le plus babillard, le plus familier, le plus plaisant, le plus hâbleur, le plus étourdi et le plus dégourdi. Maître étourneau est un type. L'avoir nommé, c'est avoir décrit son caractère.

Les étourneaux ont, chaque printemps, un moment difficile à passer, quand leurs multitudes doivent se disperser pour constituer des couples et fonder des familles. L'opération est trop compliquée pour leur impatience, et la guerre éclate au sein de ces peuplades, d'ailleurs plus bruyantes que belliqueuses. Les plus forts ravissent les plus désirées ; les autres s'accommodent de ce qui reste.

L'ÉTOURNEAU

Ce démêlement tumultueux a lieu vers la mi-mars.
Ensuite, pendant plusieurs semaines, les étourneaux vivent retirés, occupés aux soins du ménage.
Si l'on trouve un nid déjà fait, en lieu favorable,
on s'y installe, sans prendre l'avis du proprié-
taire; sinon, on en fait un de quelques matériaux
épars, moins un nid qu'une simple couche, dans
le premier trou venu, et l'on mène à bien la couvée. Les petits éclosent vers la fin d'avril, et les
jeunes familles, bientôt abandonnées à elles-mêmes, se recherchent, et vont butinant, par groupes, dans les lieux boisés, coupés de clairières
humides, de prairies et de champs. Dès le commencement de juillet, les parents les rejoignent,
avec une nouvelle couvée. Les groupes continuent
à se mêler, et ainsi se forment, en automne, ces
vols, ordinairement ronds et compacts, qui passent avec un bruit particulier, semblable à un déchirement. Les vols s'ajoutent aux vols, on voit
défiler des armées d'étourneaux, qui coulent par
torrents dans les airs. Cependant ces multitudes
sont petites en comparaison de celles qui se réunissent, le soir, à leurs places de rassemblement.
Ils choisissent dans ce but les grèves peuplées de
roseaux. Ils se posent trois ou quatre sur le même
roseau, qui plie sous le poids, et devient, ainsi in-
cliné, le plus commode des perchoirs. Ils accou-
rent, au coucher du soleil, de tous les points de
l'horizon. Leur nombre est légion, et chacun tra-

17

vaille de son petit gosier et de sa langue frétillarde. Le brouhaha en est étourdissant. Par moments, on remarque des *crescendo* : ce sont des vols nouveaux qui arrivent, saluent et sont salués. Il n'y a rien de comparable à ces rassemblements parmi les oiseaux de nos contrées, sauf ceux du pinson des Ardennes, quand l'hiver le chasse loin du pôle. Le bruit décroît à mesure que s'éteignent les dernières lueurs du couchant; la nuit tombe, et l'on n'entend plus que l'eau qui clapote et le vent qui balance tout ce peuple endormi. A l'aurore, le charivari recommence; puis, tous ensemble, ils s'élèvent dans les airs, battent de l'aile et retombent sur leurs roseaux. Ce signal est répété deux ou trois fois de suite; à la troisième ou à la quatrième, ils partent, en se divisant en vols, qui ne se retrouveront que le soir, à moins que le hasard ne les fasse rencontrer en chemin.

Ainsi vit l'étourneau en liberté. En captivité, il n'est pas moins curieux à observer. Il devient rapidement le familier de tous les oiseaux dont il partage la volière, non sans être importun quelquefois. Si on le garde en chambre, il se fait un ami du chien, du chat, des enfants et de son maître. Il n'y a pas de réserve qui tienne, il faut se rendre à ses agaceries. En moins de huit jours, il se trouve en assez bons termes avec ses compagnons, le caniche ou le gros dogue, pour leur sauter sur le dos et y faire la chasse aux parasites.

Heureux si, d'un bec indiscret, il ne va pas les chatouiller sous le nez ou dans les oreilles. Avant de se permettre de telles privautés avec son maître, il épiera un sourire, il attendra un encouragement. Au premier signe, le voilà sur les genoux, sur la main, sur l'épaule. Et tout en sautillant, il babille, il répète des mots, des bouts de phrases. Ce talent d'imitation de la parole est, chez l'étourneau, un accompagnement et un développement de l'instinct social. Il y surpasse le perroquet lui-même. Tschudi cite un étourneau qui disait son oraison dominicale sans faute et distinctement, d'un bout à l'autre. C'était dans la famille, le *benedicite* en usage avant les repas, et il l'avait appris à force de l'entendre. On rapporte mille traits analogues. Un des plus piquants est celui que raconte Friderich. Un instituteur allemand semait ses discours d'expressions françaises estropiées. Un de ses mots favoris était *per compagnie*. Il mangeait sans avoir faim ou buvait sans avoir soif, *per compagnie*. Autant en fit un étourneau qu'il avait apprivoisé et affublé d'un collier rouge. Un beau jour, maître étourneau s'échappe, et se mêle au premier vol de confrères qu'il rencontre. La bande joyeuse donne droit dans un filet. « Comment es-tu venu ici ? » lui dit l'oiseleur en voyant son collier. *« Per compagnie ! »* répond l'oiseau. Sur quoi l'homme aux filets, — celui-là, paraît-il, était capable de pitié, — au lieu de lui tordre le cou, *per compagnie,* ouvre la main et lui rend la liberté.

Babil d'oiseau, grâces d'emprunt, heureux talents de société ! Etourneaux ailés, vos pareils sont nombreux !... Mais quoi, allons-nous à notre tour tendre les filets de la critique ? Non, la pitié nous prend, aussi... Etourneau, mon ami, profite du moment, et sauve-toi vite *per compagnie.*

LE GOBE-MOUCHES GRIS

Ordre des Insectivores. Famille des Muscicapidés. Genre Butalis. — Longueur : 13,7 centimètres. Tout le haut du corps est gris souris, le front plus clair et tacheté de noir, les plumes de l'aile bordées d'un liseré clair. Le dessous du corps d'un blanc sale, la gorge tachetée de gris. Le bec et les pieds noirs. La femelle ne diffère presque pas du mâle. Les jeunes sont très tachetés. En général une seule ponte, en juin, de quatre ou cinq œufs. Le nid, très artistement fait, se trouve dans des lierres, sur des palissades de jardin, sur des corniches, sous les toits, sur de vieilles branches moussues.

CORSAIRE, corsaire et demi !

Ceci est une loi de justice à laquelle vous n'échapperez point, vous qui vivez de sang, taons et moustiques. Pendant que vous volez lourdement ou que vous pirouettez dans l'air, cherchant une proie, le châtiment est suspendu sur vos têtes. Moustiques et taons, le gobe-mouches vous regarde.

Transportons-nous dans les bois, non dans les grandes sapinières, mais dans ces bois à feuilles légères, où le hêtre rivalise avec le chêne, où l'érable aux larges dômes se marie avec le frêne élancé, et où tremble, dans les clairières, la grêle verdure des bouleaux. Nous nous arrêtons au bord d'une

mare, comme il s'en trouve souvent dans l'épaisseur des fourrés. L'eau a ces tons bruns, presque
noirs, qu'elle prend en filtrant au travers d'un sol
tourbeux ou en croupissant sur le terreau des
bruyères. Elle n'est pas fraîche ; elle n'invite pas
au bain : elle a la température du sol et de l'air.
Mais peut-être donnera-t-elle de grandes tentations
aux peintres qui s'égareront sur ses bords. Elle
est brune, et n'y est pas trouble ; pour y être colorés, les reflets n'y sont pas moins limpides. Ils le
sont d'autant plus, au contraire, qu'elle est plus
tranquille, dormant à l'ombre, garantie contre tous
les vents, et même contre ces zéphyrs instantanés,
contre ces frémissements qui, dans les plus chaudes journées, surprennent encore les vagues immobiles de l'air. Les moindres brins d'herbe y
retracent distinctement leur image ; les épis retom-
bants d'une laîche des bois, aux touffes à demi
submergées, ne se penchent sur elle que pour s'y
regarder à loisir. Les troncs blancs et noirs qui
peuplent la rive y reproduisent, pour le plaisir
des dryades emprisonnées sous leur robe d'écorce,
tous les accidents de leur surface rugueuse ou
polie. Il n'y manque pas une ride, pas une mousse.
Il ne manque pas une branche, non plus, à ces
arcades de verdure, dont la perspective fuit dans
la profondeur, et qui laissent voir, entre les feuilles
étagées, l'éther diaphane et sans fond. Dans le
mystère de ce réduit obscur brillent çà et là, sur

LE GOBE-MOUCHES GRIS

les laîches, sur les troncs, sur le sol, des rayons
égarés, car il n'est pas de feuillage que ne traverse
de ses flèches le divin archer, le dieu aux javelots
d'or.

Ce paysage vous étonne-t-il par l'excès de son
immobilité? Regardez, écoutez : le mouvement va
naître. N'entendez-vous pas une dent furtive déchirer le tissu des herbes coriaces! Une chenille
est collée sous une feuille inclinée, qui montre
déjà le squelette de ses nervures. C'était sa provision pour un jour; elle en achève le reste. Voici un
bruit plus distinct. Les épis de la laîche ont trem-
blé : une sauterelle a pris son élan. Cette fois c'est
l'eau qui frissonne : une libellule l'a touchée. Un
autre bourdonnement agite les airs ; vous le
connaissez, car il a souvent importuné vos oreilles :
c'est l'inchassable ennemi ; c'est le moustique qui
dormait tout à l'heure et qui danse maintenant
sous un rayon de soleil, en faisant vibrer ses élytres musicales. Il vous a senti venir ; il a flairé l'o-
deur du sang. Quel est encore cet étourdi qui se
jette au travers de l'espace? c'est le taon vorace,
que harcèle la faim ; il vous a vu, lui aussi, et vous
a jugé de bonne prise... Soudain, au milieu de sa
course, avant qu'il ait pu faire un mouvement
pour éviter sa destinée, il est pris, il est enlevé.
Une aile a passé, une aile d'oiseau, plus sûre et
plus prompte que la sienne. Et déjà l'on entend
sur une branche les petits coups saccadés d'un

bec qui dépèce une proie. Ainsi a disparu le taon ; ainsi disparaîtront, chacun à l'heure marquée, le moustique, la libellule, la sauterelle et la chenille elle-même.

Qui est donc ce dernier larron, ce justicier dont l'apparition a été si foudroyante ? C'est le gobe-mouches : ainsi dit le peuple dans son langage naïf. Vous ne vous étiez pas douté de sa présence, et cependant il était là, tapi sur une branche. Il laissait pendre ses ailes, qui s'agitaient quelquefois de tressaillements involontaires. Vous l'avez entendu ; mais vous ne l'avez pas vu, parce qu'il était trop bien caché. Vous avez cru que ce n'était qu'une feuille qui frissonnait. C'était lui. Il voyait tout, il épiait tout, il attendait l'occasion : l'occasion s'est offerte et il l'a saisie. Telle est la manière de chasser de ce rapace tranquille. Il fait ce que font les fauves du désert, ce que fait le lion lorsqu'il se dérobe parmi le feuillage, au-dessus de la source où vient boire la gazelle, et qu'il la saisit au passage, d'un bond.

Est-ce le lion qui a été à l'école du petit oiseau, ou le petit oiseau qui s'est fait instruire par le lion ? Ils n'ont pris leçon ni l'un ni l'autre. Ou plutôt ils n'ont eu l'un et l'autre qu'un maître, la nature, qui a mis le même instinct chez le plus puissant et chez le plus humble des chasseurs. Dans l'infinie variété de ses créations, elle a de ces répétitions ingénieuses, familières aux grands compositeurs, de ces motifs qui reviennent, dans un ton et avec des instruments différents. Où se montre plus irrésistible la puissance du bond, du bond soudain, rapide comme le regard, instantané comme la pensée? Est-ce chez le roi du désert ou chez l'oiseau de nos bois? Qu'importe? L'intérêt du spectacle ne dépend pas de la taille des acteurs. Gazelle, le bond du lion nous paraîtrait seul terrible; taon ou moustique, nous n'aurions peur que de celui du gobe-mouches. Simple spectateur, juge des coups, la gloire, ce nous semble, s'en partage également entre le grand et le petit carnassier.

LE GOBE-MOUCHES A COLLIER

Ordre des Insectivores. Famille des Muscicapidés. Genre Gobe-mouches. — Longueur : 13,2 centimètres. Le mâle est d'un beau noir, excepté le front, un collier complet, toute la partie inférieure, le croupion et deux taches sur l'aile qui sont d'un blanc pur. La femelle et les jeunes sont gris-brun en dessus, blanc sale en dessous et n'ont pas de collier. La ponte est en général de cinq œufs d'un vert uni. Cette espèce, pas plus que le gobe-mouches bec-figue, n'est très commune, sauf dans le Midi.

ANS une précédente notice, nous avons fait abstraction des diverses espèces de gobe-mouches, pour décrire uniquement le système de chasse qui leur est commun. Nous devons maintenant les considérer de plus près. Il y en a de plusieurs espèces, principalement au Midi, où, autour de toutes les flaques d'eau, à l'ombre de tous les feuillages, fourmillent et pullulent mille sortes d'insectes. Parmi celles qui viennent passer quelques mois dans nos zones tempérées, on en distingue trois plus connues : le gobe-mouches ordinaire, le gris et celui à collier. Ils ont à peu près, pour la longueur du corps, les proportions de la mésange grande-charbonnière ; mais les ailes sont plus développées, ce qui les rapproche des hirondelles, auxquelles ils ressemblent encore par leurs petites pattes, courtes et faibles. Ce sont des oiseaux faits pour voler, non pour marcher ou sautiller. On le voit bien quand ils s'élancent sur leurs victimes. Ils n'auraient qu'à le vouloir pour briller parmi les maîtres dans l'art de nager dans l'espace; mais c'est une gloire qu'ils ne paraissent pas ambitionner. Ils volent peu, et seulement pour satisfaire aux besoins de la vie, pour aller boire à la source prochaine ou pour changer de perchoir. La plus grande partie de leur existence se passe sur les branches, à guetter, les ailes ordinairement pendantes et immobiles, malgré le tic qui les leur fait agiter de temps en temps, ainsi que la queue. D'où leur vient ce naturel flegmatique? Il ne s'explique, semble-t-il, par aucun défaut de conformation, et l'on n'en peut rien dire, sinon que c'est l'habitude de la race.

Le gobe-mouches gris n'a pas une toilette qui attire les regards; les teintes répandues sur son plumage sont plutôt douces et ternes. Le dessus du corps est gris, un gris de souris, relevé de taches noires au front; le dessous est blanchâtre. Beaucoup plus brillant est le gobe-mouches ordinaire, à cause de la vive opposition entre le noir de jais qui lui habille la nuque et les épaules et le blanc de neige du front et de la poitrine. Celui à collier, aussi noir et blanc, est surtout remarquable, comme son nom l'indique, par le large collier

blanc qui fait le tour de sa gorge et lui dégage la
tête. Cette belle opposition, du noir et du blanc,
ne se montre dans sa force que chez les individus
complets, si l'on peut ainsi dire, et à certains moments de l'année. Ce sont des oiseaux qui varient
beaucoup. Ils ne portent pas moins, dans une seule
saison, de trois à quatre costumes successifs : le
plus beau est le dernier, qui est aussi le costume
de noces.

Les gobe-mouches attendent que les insectes
soient sortis de terre pour venir prendre leurs
quartiers sous nos climats. Ils font des étapes en
chemin, et nous arrivent, deux à deux, vers la fin
d'avril, heureux quand une neige tardive ne les
surprend pas, à peine établis. La neige leur est
fatale, parce qu'ils se nourrissent exclusivement
d'insectes, et qu'ils ne savent pas, comme d'autres
oiseaux, brouter les pointes des herbes ou picorer
de vieilles graines. On cite des printemps où, dans
certaines contrées, ils ont presque tous péri. Ils
n'ont pas peur des hommes ; mais ils ne les recherchent pas. Pourvu qu'ils aient des arbres au bran-
chage dégagé, ils sont chez eux ; peu importe que
ce soit dans une forêt ou dans un verger, même
dans un jardin. Ils cachent souvent leur nid parmi
les lierres ou les espaliers, et ne manquent point
d'art dans le choix des places et des matériaux ;
cependant ils n'y mettent pas le soin qu'y apportent d'autres espèces. Il y a un fonds d'indolence

dans la nature du gobe-mouches. Une couvée par an lui suffit. Ce serait trop que de se donner deux fois peine pareille.

Les gobe-mouches ne sont pas au nombre de nos bons chanteurs, quoique le ramage de celui à collier ait de la grâce et de la vivacité. On en élève cependant, parce qu'ils ont l'humeur heureuse et qu'ils deviennent aisément familiers. La cage leur est mortelle ; mais on peut les garder en chambre. Il suffit de disposer dans un appartement de petits bâtons où ils puissent percher, pour qu'ils se livrent à la chasse aux mouches avec autant d'ardeur que dans les bois. Ils ont bientôt fait d'en nettoyer une maison. Malheureusement, il faudrait les en repourvoir, car aucune autre nourriture ne paraît leur convenir également. Bien soignés, ils s'attachent aux personnes et aux lieux, et reviennent faire des visites d'amitié quand on leur a rendu la liberté. Friderich en avait apprivoisé une paire en 1862. Quand il leur ouvrit la fenêtre, ils en profitèrent mais sans s'éloigner. Ils séjournèrent plusieurs semaines dans le voisinage, revenant au premier appel ; puis ils disparurent. Au moment du passage automnal, le mâle vint voltiger, avec obstination, devant la fenêtre par où il avait appris le chemin de la liberté. On lui ouvrit et on lui tendit un ver de farine, qu'il piqua dans la main. L'année suivante, au printemps, nouvelle visite du gobe-mouches. Mais il était plus

sauvage, et il partit, cette fois, sans avoir touché
le ver qu'on lui offrit, mais non sans avoir longuement tourné autour. Il ne reparut pas en automne,
soit que l'instinct de la sauvagerie eût pris tout à
fait le dessus, soit qu'il eût péri dans l'été.

Quoi de plus aimable, quoi de plus touchant,
que ces visites d'un petit oiseau, qui se détourne
dans ses longs voyages pour frapper à une vitre
connue et saluer un ami en passant ! L'homme ne
sait pas de combien de jouissances pareilles il
pourrait enrichir son existence, s'il était bon envers
tous les êtres que la nature semble avoir confiés à
sa garde et auxquels elle a donné, comme à lui,
l'air, le soleil, la vie et la liberté.

L'HIRONDELLE DE FENÊTRE

Ordre des Insectivores. Famille des Hirundinidés. Genre Chélidon. — Longueur : 13 à 14 centimètres, dont 6 pour la queue. Toute la partie supérieure du corps est d'un noir métallique à reflets bleus, l'aile et la queue sont d'un noir de suie, tout le dessous du corps et le croupion sont blanc de lait. Deux nichées par an et même trois, quand l'été est chaud, de quatre à six œufs blancs. L'incubation dure douze jours seulement, si le temps est favorable, parce que le mâle peut alors nourrir la femelle au nid.

ETRANCHEZ de la création un de ces oiseaux que nous aimons : quel est celui dont l'absence sera le plus sentie ?

C'est assurément l'hirondelle : non pas une espèce plutôt qu'une autre, celle de fenêtre plutôt que celle de cheminée, mais le type hirondelle, en général.

La raison en est qu'il n'y a pas d'oiseau qui soit plus complètement oiseau.

Ce n'est point l'éclat du plumage, ce n'est point la beauté de la voix, c'est l'aile qui fait l'oiseau. La parure et le chant lui sont donnés par-dessus, comme l'accompagnement naturel de cette vie aérienne, brillante et joyeuse ; mais l'essentiel, c'est l'aile.

Or, en retranchant l'hirondelle de la création, on en retrancherait l'aile la plus agile.

Quel est l'oiseau qui vole mieux ? Le martinet ?... Mais le martinet est lui-même une hirondelle. Le faucon ?.... Mais quand le faucon se précipite sur la proie qu'il a choisie, il vole moins qu'il ne tombe ; c'est une chute, ailes fermées, et la rapidité en augmente selon les lois de la pesanteur. La frégate ?.... De tous les navigateurs de l'océan des airs, la frégate est, en effet, celui qui fait les plus puissantes ramées ; elle a l'aile la plus grande, presque démesurée, car ce vaste appareil lui devient un obstacle dès qu'il s'agit de se retourner. La vitesse en ligne directe ne fait pas la seule beauté du vol. Il faut, sans doute, que l'aile porte l'oiseau ; mais il faut encore que l'oiseau soit maître de son aile ; là est le triomphe de l'hirondelle.

Buffon ne s'y est pas trompé. Aussi, dans le long article qu'il lui a consacré, a-t-il soigneusement réservé toutes les ressources de son art pour la description de ce vol admirable. On sait par cœur la fameuse page où il semble que sa plume veuille en égaler la prestesse. Un mot a suffi à Michelet pour en dire autant et pour en faire deviner davantage : « L'hirondelle, écrit-il, est l'oiseau par excellence, l'être entre tous né pour le vol. La nature a tout sacrifié à cette destination. Pour produire cette aile unique, elle a pris un parti extrême, celui de supprimer le pied. »

L'HIRONDELLE

Voilà le premier et le dernier mot sur l'hirondelle, et ceux qui viendront comme nous, après l'illustre écrivain, ne pourront que le répéter. Mais vous voyez combien sont merveilleuses les voies de la nature : cet être, — nous continuons à répéter Michelet, — cet être, qui est le plus libre, se trouve asservi par sa liberté même. Il faut l'apprendre, ce vol. La petite hirondelle aura donc besoin, plus que tout autre, des soins de parents dévoués, et voilà ce père et cette mère, libres par l'aile, enchaînés au foyer domestique. La race dépérirait si les mères hirondelles n'étaient pas les plus tendres des mères. Aussi rien au monde n'est-il plus touchant que de voir les leçons qu'elles donnent à leurs enfants. La petite alouette a beau jeu pour apprendre à voler. Elle sort de son nid, fixé au sol, pour aller courir et sautiller dans les blés. En sautillant on volette, et à mesure que l'aile se fortifie, on pousse sa pointe plus haut au-dessus des épis protecteurs. La petite mésange, avec son berceau dans le feuillage, voit au-dessus d'elle des branches dont chacune est un reposoir. Son premier coup d'aile n'est qu'un élan pour sauter sur le rameau voisin, où elle s'accroche de l'ongle et prend haleine avant de repartir. Mais la petite hirondelle ! Quand elle regarde hors du nid, elle n'aperçoit que le vide ; c'est dans le vide qu'il faut se jeter. Longtemps elle hésite, longtemps elle se prépare ; on la voit se pencher en dehors, on la

voit essayer son aile, sans cependant lâcher du
pied. Sa mère est devant elle, qui lui offre la becquée, et tour à tour s'approche et se recule. On
la prend par la famine. Enfin.... comme le cœur
doit lui battre, et quel moment dans sa vie !... enfin, elle est dans l'espace. S'y est-elle jetée d'un
élan délibéré, y est-elle tombée à force de s'agiter ?
Le plus souvent on ne le sait pas. Mais quand elle
ne se sent plus soutenue, son aile grandit tout à
coup ; elle l'ouvre comme elle n'avait jamais fait
jusqu'alors. L'air la porte, elle saisit la becquée,
et, tant bien que mal, elle se détourne et regagne
vite le bord du nid. Quelle aventure !... Une seconde fois la mère se reculera davantage ; il faudra
faire double voyage pour prendre la mouche qu'elle
montre à la pointe de son bec. Quelques leçons
encore, et la petite hirondelle l'accompagnera dans
les airs !

Cette liberté de vol a encore une autre conséquence, savoir que l'hirondelle n'a pas besoin de
se choisir et de se réserver un domaine ; elle laisse
cette faiblesse aux oiseaux des arbres et à ceux
qui nichent sur la terre. Elle dispose de l'étendue ;
aussi les nids peuvent-ils être très rapprochés sans
inconvénient pour personne ; ils se touchent sous
les toits, sous les corniches, aux fenêtres. De là
vient qu'il s'établit une vie de famille entre toutes
les hirondelles qui habitent les mêmes lieux. Chacune de leurs générations y apprend à voler dans

le même temps ; elles assistent mutuellement à ce
premier apprentissage de la vie ; elles ont les sou-
venirs communs des écoliers qui ont fait leurs
classes ensemble, elles forment une *volée*, comme
on dit avec grâce dans notre pays romand. Ainsi
naissent les liens d'affection et de solidarité qu'on
remarque entre tous les membres de leurs tribus
voyageuses. Elles partent ensemble, elles reviennent ensemble, elles chassent ensemble, s'avertis-
sant l'une l'autre du danger. Toutes les hirondelles
sont sœurs, dit encore Michelet.... L'exemple
qu'elles donnent à l'homme et que l'homme ne
suit guère est le plus beau qui puisse être donné :
la fidélité dans la liberté !

L'HIRONDELLE DE CHEMINÉE

Ordre des Insectivores. Famille des Hirundinidés. Genre Hirondelle. — Longueur : 21 centimètres, dont 12 pour la queue. La tête, le dos, les ailes d'un noir brillant à reflets métalliques bleus. La poitrine et le ventre d'un blanc roux ; autour du bec et à la gorge du brun, la queue ornée en dessous de taches blanches, les deux rectrices externes très allongées et étroites. En mai, quatre ou six œufs blancs pointillés de gris et de roux ; en juillet, une seconde nichée, moins nombreuse.

IL y avait tant d'hirondelles dans la cheminée de mon grand-père !

C'était une de ces vieilles cheminées comme on en trouvait autrefois dans nos campagnes du pays romand, et particulièrement dans ces villages heureux, aimés des oiseaux et des poètes, que la nature semblait avoir semés de sa main sur les rives du plus beau des lacs, entre Vevey et le manoir de Chillon. Cheminées vraiment patriarcales ! Débordant de toutes parts le foyer, — un foyer autour duquel pouvaient s'asseoir à l'aise toutes les générations d'une famille, — elles allaient s'amincissant régulièrement, comme un intérieur de pyramide, pour se terminer en pointe, au-dessus du toit. Parfois, à mi-hauteur, une petite fenêtre aux

carreaux rougis, laissait passer un jour douteux ;
toujours un grand couvercle à bascule, qu'on faisait manœuvrer d'en bas, permettait de les ouvrir
et de les fermer par en haut.

Les cheminées d'aujourd'hui sont de vulgaires
tuyaux ; celle dont je parle était un monde. Quand
le couvercle en était abaissé, le regard plongeait
confusément dans des profondeurs infinies. Les
blancs nuages de la fumée s'y engouffraient tour à
tour, et les étincelles allaient y briller et s'y perdre
avec eux. Dès que le couvercle se levait, le jour
pénétrait dans cette nuit, et l'abîme se peuplait :
les chaînes des crémaillères se détachaient sur la
muraille ; des poutres noires, courant d'une paroi
à l'autre, et portant des perches chargées de trésors, sortaient de l'ombre comme des apparitions ;
c'était toute une perspective de jambons appétis-
sants et de larges quartiers de lard ; vers le haut,
s'étageaient les nids habités, et, par l'ouverture,
brillait un coin du ciel : on voyait s'envoler la fumée
et voltiger les petits oiseaux.

Dans ce temps-là nous savions, année par année
et jour par jour, tout ce qui se passait chez les hirondelles. Nous n'avions pas besoin d'aller aux
informations pour apprendre si quelque voisin,
plus heureux, en avait des nouvelles. Elles s'an-
nonçaient elles-mêmes, et leur apparition comptait
comme un événement. C'était, à l'ordinaire, à la
première semaine d'avril. A peine de retour, elles

prenaient leurs mesures pour s'établir, à moins toutefois qu'il ne fît trop mauvais temps. Elles ont besoin, paraît-il, que la terre dont elles font leur maçonnerie ne soit pas humectée par la pluie, mais uniquement par leur salive gluante, qui la transforme en une espèce de ciment. Quand il faisait beau, elles travaillaient avec un zèle incroyable. Il leur fallait du temps néanmoins, et quelquefois elles se facilitaient la besogne en se servant d'un vieux nid pour y appuyer et emboîter le nouveau. Avec quel intérêt nous suivions toutes ces allées et venues ! A peine achevé, le nid se remplissait. Nous savions bien, dans la cuisine de mon grand-père, quand les petits devaient éclore ; nous le savions presque aussi bien que cette mère, immobile, dont on n'apercevait que le bec. Nous comptions les jours, douze ou treize, et, pour nous comme pour elle, c'était un triomphe que d'entendre les premiers cris des oisillons affamés, qui piaillaient après la pâture. Un autre jour impatiemment attendu était celui où ils se hasarderaient à voler ; on suivait les progrès de leur audace croissante ; on les voyait se hisser sur le bord du nid et frétiller de l'aile..... Oh ! c'était le grand moment !... Tombera-t-il ? Ne tombera-t-il pas ? Ils rentraient quelquefois ; ils remettaient à plus tard ; mais ils ne tombaient jamais. C'était en plein mois de mai que s'accomplissait ce coup de théâtre, et ordinairement par un de ces jours où le soleil encou-

rage les fleurs à s'ouvrir et les oiseaux à prendre
leur volée. Nous suivions aussi les événements
d'une seconde nichée, qui ne manquait pas plus
que la première ; mais ce qui manquait moins encore, c'était le départ général. Que de fois j'ai vu
les hirondelles, sur le point de partir, se poser à la
file sur le bord du couvercle soulevé ; les noires
silhouettes de leurs longues queues effilées s'agitaient sur un ciel automnal : on les entendait jaser,
siffler, discuter. Et puis, le soir, on n'entendait plus
rien. Elles étaient parties.

Jamais vie ne fut plus réglée que celle de nos
hirondelles. C'était régulier comme les saisons. Un
jour, cependant, il y eut de l'imprévu. Nous en
trouvâmes une, le matin, morte sur le foyer. Ce
n'était point un petit, mais le père lui-même. Que
lui était-il arrivé ? On ne l'a jamais su. Je ne m'é-
tais pas encore avisé qu'une hirondelle pût mourir.
J'avais bien ouï dire que le faucon les prend quelquefois. Mais ce n'est pas mourir, cela ; c'est être
tuée. Peut-on bien mourir, mourir sans cause,
quand on est hirondelle et qu'on sait voler ? Longtemps nous essayâmes de réchauffer dans nos
mains ce petit corps déjà froid, enveloppé comme
d'un linceul de ses deux ailes croisées. Comme ses
plumes étaient d'un beau noir, tout brillant de reflets bleus ! Il fallut enfin se rendre à l'évidence.
Que faire de ce cadavre ? « Donnez-le au chat, »
dit une voix. Les enfants ne furent point de cet

avis. Ils allèrent creuser une fosse, ils habillèrent l'hirondelle d'un chiffon qui servait à quelque toilette de poupée; ils l'enterrèrent gravement; puis ils établirent autour de cette tombe une balustrade de petites branches, et ils plantèrent au milieu une marguerite des prés.

Y a-t-il encore dans nos hameaux des hirondelles de cheminée? On le dit. Mais, en vérité, je ne sais où elles se logent, à voir les boîtes carrées que nos paysans appellent aujourd'hui des maisons. Ce que je sais, c'est que la cheminée où je les observais dans mon enfance existe toujours. Il y a longtemps que je ne l'ai revue; mais je suis bien sûr que les nids en sont encore habités, malgré le fourneau vulgaire que la civilisation doit avoir établi au coin de l'énorme foyer. Quand il n'y aura plus d'hirondelles sur les rivages du lac Léman, encore y en aura-t-il dans la cheminée de mon grand-père.

LE MARTINET

Ordre des Insectivores. Famille des Cypsélidés. Genre Martinet. — Longueur : de 16,5 à 18,5 centimètres, envergure : 40,5 à 41,5 centimètres. Tout entier d'un noir de vieille soie fanée, sauf la gorge qui est blanche. La ponte annuelle est de deux ou trois œufs blancs, très allongés. L'incubation dure de seize à dix-sept jours. Le martinet noir habite l'ancien monde, depuis le cap de Bonne-Espérance à la mer Blanche, et depuis l'Irlande au lac Baïkal.

Vous n'avez qu'un défaut, aimables hirondelles : vous êtes trop confiantes.

Vous craignez le faucon. Et l'homme, pourquoi ne le craignez-vous pas ?

Parce que vous êtes bonnes, vous pensez que la bonté règne dans le monde. Si l'homme avait des ailes, il n'aurait pas cette illusion.

Votre seul motif pour adosser vos nids à nos demeures, c'est qu'ils sont maçonnés, de même que nos murailles. Le mortier s'appuie au mortier. C'est un avantage ; mais à quel prix le payez-vous ?

J'ai connu de l'autre côté des monts, sur les versants italiens des Alpes, un curé, brave homme, excellent chrétien, replet, jovial, à double et triple menton. En voyant son vaste presbytère et ce grand développement d'avant-toits, les hirondelles s'étaient dit : « Voici notre affaire ! » Peut-être la bonne mine du vénérable doyen les avait-elle engagées plus encore à se mettre sous sa protection. Or, savez-vous ce qu'avait fait maître curé ? Il avait pratiqué des ouvertures, habilement dissimulées, correspondant à chaque nid, et, pendant la saison, il faisait deux tournées quotidiennes, guettant l'absence des parents, pour aller tâter de la main les petits. Quand ils étaient à point, la veille du jour où la jeune famille aurait pris son essor, il empochait la nichée, et c'était la délicatesse de son repas du soir.

Il faut dire, à la louange de l'humanité, qu'il y a des peuples entiers qui frémiraient d'horreur à l'ouïe de ce simple récit ; mais il y a d'autres peuples également unanimes à louer et à imiter l'industrie du bon curé. Étranges contrastes de la conscience humaine ! Ce qui révolte l'homme du Nord fait les délices de l'homme du Midi. Comment donc faut-il s'y prendre pour faire entrer dans la religion de tous quelque chose de cette pitié que l'art et la nature, à défaut du christianisme, devraient suffire à inspirer ?

La moins imprudente des hirondelles est le martinet ou la grande hirondelle d'église ; mais ce n'est point par défiance qu'elle est plus sage, c'est par une simple nécessité naturelle.

LE MARTINET

Plus hirondelle encore que les autres hirondelles, ainsi parle Buffon, elle n'a, pour ainsi dire, plus de pied. Le peu qu'elle en a se dérobe parmi les plumes. En revanche, elle a l'aile très grande, si grande qu'elle souffre des mêmes embarras que la frégate. Quand elle est posée sur un sol plat, elle ne peut plus prendre sa volée. Il lui faut un perchoir pour se laisser couler dans les airs. Si elle n'en avait point, si la terre était unie comme un parquet ciré, le plus rapide des oiseaux — c'est encore Buffon qui le remarque — ne serait qu'un reptile, et le plus triste des reptiles, un reptile inhabile à ramper.

L'excès de cette infirmité glorieuse a une autre conséquence : le martinet est incapable de ramasser à terre les matériaux dont il aurait besoin pour faire son nid, tels que la terre elle-même pour le maçonner et l'édredon pour le matelasser. Il se tire de cette difficulté en faisant élection de domicile dans quelque nid déjà tout maçonné, c'est-à-dire dans un trou de mur, et en meublant sa couche pierreuse de tous les débris — pailles, crins et chiffons — qu'il peut saisir au passage dans les nids des moineaux.

Il lui faut donc des trous et des trous élevés, et c'est ce qui détermine sa préférence pour les vieilles tours et les clochers gothiques. A ces hauteurs, les curés eux-mêmes ne vont pas le chercher.

19

Chacun se rappelle la réponse de Bernardin de Saint-Pierre, qui regardait les hirondelles pendant que son père voulait lui faire admirer les flèches de la cathédrale de Rouen : « Bon Dieu ! qu'elles volent haut ! » Cette exclamation d'un enfant résume ce qu'on peut dire du martinet. Le vol est son existence naturelle. A part le repos de la nuit et de courtes visites au trou qui leur tient lieu de nid, à part l'épreuve de la couvée, les martinets ne font que voler. Ils volent dès l'aube, ils volent tout le jour, ils volent longtemps encore après le coucher du soleil, lorsque partout dans la campagne se sont retirés les oiseaux : ils volent toujours. Souvent ils volent pour chasser. Comme les autres hirondelles, ils détruisent une multitude d'insectes. Ils n'apportent à manger à leurs petits qu'à de longs intervalles, mais chaque fois une pleine becquée, tout un repas. Ils s'épargnent ainsi la peine d'entrer souvent au nid, et surtout — car c'est le difficile — de s'y tourner laborieusement pour en ressortir. Ce sont autant de moments qu'ils dérobent à la vie de reptile à laquelle les condamne la nature quand ils ne se reposent pas sur les ondes aériennes. Ils ne cessent de voler pour chasser qu'afin de voler pour jouer. Oh ! le noble jeu ! Offrir au vent une large poitrine, à laquelle jamais le souffle n'a fait défaut ; se laisser bercer dans l'espace ou battre l'air à coups redoublés ; se donner l'ivresse du mouvement ; monter, descendre, décrire des courbes dans les solitudes du haut azur, et tout cela sans vertige, sans effort, comme on marche, comme on respire !... Eh quoi! ne nous sera-t-il jamais donné de connaître cette volupté ! Des ailes, des ailes ! disait le poète. C'est le cri de l'humanité. De toutes les servitudes, celle de la pesanteur est la plus dure. En vain la pensée y échappe. Ce n'est point assez de se figurer qu'on vole; au lieu d'être une satisfaction, c'est un aiguillon pour le désir. Hélas! l'homme est ainsi fait que si cette faveur lui était accordée, il s'en lasserait, comme des autres. Il épuiserait cette joie, comme il épuise toutes celles que la bonté du ciel a mises à sa portée; néanmoins, il ne se résigne pas à cette coupe refusée à ses lèvres. Voir l'espace et n'en point jouir, est-ce bien être le roi de la création?... Des ailes, des ailes !

L'ENGOULEVENT

Ordre des Insectivores. Famille des Caprimulgidés. Genre Engoulevent.
— Longueur : 26,5 à 28 centimètres. Envergure : 55 centimètres. Le
gris cendré domine dans ce plumage aux mille nuances ; dans ce gris
se jouent toutes sortes de taches, de points, de zigzags, de raies, du
noir, du brun, du roux, du jaune pâle et du blanc. A la gorge une
tache blanche, chez le mâle de chaque côté de la queue, au bout, une
autre tache d'un blanc de neige, une troisième à l'intérieur des plus
longues rémiges. L'engoulevent n'a que deux œufs par an, blanchâtres et marbrés de brun et de gris cendré.

PRENEZ garde, nocturnes phalènes, voici venir l'engoulevent !

Malgré son infinie variété, la nature nous
offre partout le même spectacle : les espèces vivent
les unes des autres ; tout animal est poursuivi par
un autre animal. Si dans cette universelle tragédie,
il est des acteurs destinés non pas à y échapper,
mais à en moins souffrir, il semble que ce soient
ceux dont le rôle est de dormir quand les autres
sont en scène, et d'être en scène quand les autres
dorment, tels que ces phalènes au vol léger, qui
reposent le jour et travaillent la nuit. De jour, il
peut leur arriver d'être surpris dans leur cachette
par le merle ou la mésange. Mais au moins ont-ils

cet avantage de ne pas se sentir poursuivis ; ils meurent sans avoir pu s'en douter. Le soir vient, et ceux dont le sommeil n'a pas été troublé, se réveillent gais et dispos. Les phalènes voltigent sous la feuillée ; les lucioles glissent dans l'air embaumé, comme des feux follets capricieux. Pour le coup, ils doivent être en sûreté. Le rossignol chante, le merle dort, la mésange rêve : qu'ont-ils à craindre ? Grand privilège que d'être libre de toute crainte douze heures sur vingt-quatre ! Mais non. La nature n'a pas permis cette exception à ses lois impitoyables, et pour que phalènes et lucioles aient leurs ennemis de nuit aussi bien que de jour, pour qu'ils puissent être non seulement surpris dans leur sommeil, mais poursuivis dans leurs jeux et dans leurs amours, elle a créé l'engoulevent.

Cet oiseau n'a pas moins de trois noms populaires.

Les uns l'appellent l'*hirondelle de nuit*. Il a, en effet, des analogies avec l'hirondelle : jambes courtes, poitrine forte, longues ailes, vol puissant. Il fait aussi de grandes chasses dans les airs et se nourrit d'insectes enlevés à la course. Mais il a les yeux faibles, blessés par l'excès de la lumière, et, comme ses victimes, il se cache pendant le jour.

D'autres l'appellent le *crapaud ailé*, et ce nom bizarre n'est point mal imaginé. Comment peut-on

ressembler à la fois à l'hirondelle et au crapaud ?
C'est un problème que l'engoulevent a résolu. De
l'hirondelle, il a le vol ; du crapaud la physionomie. La couleur de son plumage est étrange ; ce
sont des teintes indécises et fausses, du jaunâtre,
du verdâtre, du blanchâtre, combinées de manière
à former un dessin varié et tacheté. L'aspect général en est à la fois riche et inquiétant : c'est dia-
pré comme une aile de phalène, marbré comme
une robe de serpent, et, semble-t-il, visqueux comme
un épiderme de crapaud. Et puis, il a l'œil énorme,
la pupille dilatée, la bouche qui se fend jusqu'à la
gorge, armée à l'extrémité d'un petit bec, qui dis-
tille de la glu.

Enfin, on l'appelle *l'engoulevent*, et ce nom qui
se rapporte au bruit qu'il fait dans son vol, comme
s'il avalait l'air ou le vent, est, peut-être, le plus
caractéristique de tous.

Cet oiseau singulier n'est pas commun partout ;
mais il est moins rare qu'on ne le croit en général : ses habitudes nocturnes font qu'il échappe à
l'observation. Il y en a beaucoup en France, en
Allemagne, en Suisse, et dans toute l'Europe mé-
ridionale et centrale. On le trouve jusqu'en Suède.
Il est d'humeur assez voyageuse ; mais c'est sous
nos latitudes qu'il aime à nicher, dans les clairières des forêts de pins ou de sapins. Un trou dans
la terre lui suffit pour y déposer deux œufs, toute
sa couvée. La mère est pleine de sollicitude. Elle

use de subterfuges, elle contrefait la blessée pour détourner l'attention du gîte où elle a caché ses petits ; parfois, quand un indiscret s'approche, elle va lui voler autour de la tête, comme pour se jeter sur lui. Les engoulevents adultes ne vivent guère en société. On n'en rencontre presque jamais plus de deux à la fois, le mâle et la femelle. Et encore ont-ils coutume de voler séparés, chacun pour soi. Ils passent la plus grande partie du jour couchés sur une branche, non pas en travers, mais en long, ce qui fait qu'ils sont difficiles à découvrir. Ils ne sortent que vers le soir, pour chasser toute la nuit. Leur vol est accompagné d'un bruissement étrange, qui a quelque rapport avec celui du vent lorsqu'il s'engouffre dans un tuyau de cheminée. Ce bruit vient de ce qu'ils volent avec beaucoup de rapidité, la bouche toujours grande ouverte. Quand ils avisent une proie sur le sol, ils savent très bien plonger sur elle ; mais ils n'ont besoin, pour faire bonne chasse, que de parcourir l'espace du soir au matin. Tous les papillons que rencontre cette bouche sont irrémédiablement perdus : phalènes et sphinx y disparaissent tour à tour, ou restent pris à la glu qui suinte du bec.

Il y a bien des manières de se représenter la mort. Les hommes, qui savent ce qu'elle fait de leurs corps et combien de vies elle tranche à chaque moment, se la figurent comme un squelette hideux, armé d'une faux. Les animaux doivent

s'en faire des images plus simples. Pour la gazelle,
elle doit avoir un œil clignotant et une griffe de
lion ; la mouche doit lui donner pour attribut principal un bec de gobe-mouches ; la mésange, un
bec d'épervier, crochu ; la fourmi, une langue
gluante qui se pose sur la fourmilière. Toutes ces
images sont sinistres ; mais la plus sinistre de toutes est celle que doivent s'en faire les papillons de
nuit : une bouche toujours ouverte, une gueule
béante, jamais assouvie, qui passe et repasse dans
les ténèbres, avec un bruit rauque et la rapidité
de la foudre, engloutissant tout ce qu'elle rencontre en son chemin.

Prenez garde, lucioles, phalènes et sphinx, voici
venir l'engoulevent !

LE GRIMPEREAU

Ordre des Grimpeurs. Famille des Certhiadés. Genre Grimpereau. —
Longueur : 12 centimètres. Tout le dessus du corps est gris brun
foncé, mélangé de roux, avec une infinité de larmes blanchâtres, le
croupion est roux, la queue est uniformément d'un brun châtain,
l'aile est compliquée d'une quantité de nuances entre le blanc et le
noir. Le dessous du corps est blanchâtre. Le grimpereau a deux pontes par an, au commencement d'avril et en juin, la première de huit
œufs, la seconde de quatre. Cet oiseau est sédentaire, au moins dans
l'Europe tempérée.

N OUS avons insisté dans la notice consacrée
aux pipits sur une distinction qui est de
toute importance, si l'on veut établir une
classification quelconque parmi les oiseaux : il y a
ceux qui perchent et ceux qui ne perchent pas. Les
premiers habitent les arbres et aiment à voltiger
dans le feuillage; les seconds établissent leur nid sur
le sol et volent dans l'espace libre. Nous avons remarqué que cette grande différence dans les mœurs
s'explique par une toute petite différence dans la
conformation du pied, c'est-à-dire par une courbure plus ou moins marquée de l'arrière-doigt et
de l'ongle qui le termine. Une autre différence
dans les mêmes organes correspond à une troi-

sième destination. Les oiseaux qui ne perchent pas sont bons coureurs, mais ils ne sont pas nécessairement bons grimpeurs. L'alouette grimpe fort peu. Il lui faudrait des ongles plus forts, plus aigus, plus tranchants, capables d'entrer dans l'écorce des arbres ou de s'accrocher aux moindres saillies des murailles. Ces ongles, quelques oiseaux les possèdent, avec d'autres organes modifiés aussi en vue de cette destination nouvelle. Ainsi s'est constitué, dans le monde des oiseaux, un groupe particulier, qui est celui des grimpeurs, parmi lesquels se distinguent le grimpereau, la sittelle et les pics. On ne peut pas dire qu'ils aient seuls le talent de grimper; nous avons déjà rencontré quelques espèces qui n'en sont pas absolument dépourvues, telles que la mésange et le troglodyte. Néanmoins, ceux dont nous avons à parler maintenant sont les vrais grimpeurs.

Ce talent de grimper rend à la forêt des espèces qui ne sont point faites pour percher. Tous les grimpeurs cependant ne grimpent pas aux arbres; quelques-uns, le beau trichodrome, par exemple, exercent leur art contre les murailles et les rochers.

Le grimpereau est le premier de ceux qui grimpent aux arbres. Il en est aussi le plus léger, ce qui n'est pas un avantage de peu d'importance quand il s'agit de s'accrocher à des parois perpendiculaires ou de se tenir suspendu sous des branches horizontales. Il n'a guère que six centimètres de longueur de corps, et autant pour la queue. A peine pèse-t-il plus que le roitelet, le pouillot ou le troglodyte; c'est un des plus petits oiseaux que nous ayons en Europe. Il ne fait pas de très grands voyages; il mène en automne et en hiver une vie plus ou moins errante, mais sans s'éloigner beaucoup des contrées où il a passé l'été. Souvent il se borne à sortir de la forêt et à se rapprocher des lieux habités. Il n'est pas très commun dans les contrées méridionales, en Italie ou au midi de la France; mais on le trouve partout de ce côté-ci des Alpes, jusqu'à la Baltique et plus loin. Il est très répandu en Allemagne et en Suisse.

C'est un oiseau basset, comme la plupart des grimpeurs. Les longues jambes sont bonnes pour faire de grandes enjambées; mais pour s'accrocher aux parois, la force doit résider dans les doigts de pieds et dans l'ongle, et il convient que la jambe soit courte et musculeuse. Le grimpereau a l'armature du pied remarquablement développée. Il n'offre rien d'ailleurs à le considérer au repos, qui attire l'attention, quoique ce soit un joli petit oiseau, au plumage clair par-dessous, foncé par-dessus, avec une aile sombre, décorée de lignes et de taches blanches. Il n'est pas facile à observer dans sa vie intime, concentrée dans le trou qui recèle son nid. Mais ce qu'il y a de très extraordinaire, ce qui lui vaut d'être connu de tous, c'est

l'agilité avec laquelle il monte le long des troncs
et des branches. Il n'aime pas beaucoup les arbres
à écorce lisse, non qu'il ait plus de peine à y grimper, mais parce qu'il y trouve moins de gibier. Il a
le bec long, mais faible, incapable de percer l'écorce
ou de la faire éclater ; il ne peut que fouiller dans
les fissures. On prétend qu'il rachète cette infério-
rité par d'habiles petites ruses, qu'il suit le pic,
par exemple, et lui dérobe sa proie par surprise.
Ce qui est plus certain, c'est qu'il est très agile, et
qu'il supplée par l'agilité aux ressources que lui a
refusées la nature. Sort-il de sa cachette, un instant lui suffit pour être au sommet des arbres les
plus élevés ; il s'y arrête, cherchant, furetant, tournant autour des branches, visitant toutes les gerçures ; puis il saute dans l'espace comme un écureuil, se raccroche à une branche, court dessus,
court dessous, regagne le tronc, remonte et continue sans fin ce manège productif. Il grimpe indif-
féremment la tête en haut ou en bas. Quand il est
dans une volière, il ne se borne pas à monter le
long des barreaux ; il va se promener au plafond,
comme les mouches. Ceci est le triomphe de son
art, imité par un petit nombre de rivaux. En automne, on le rencontre parfois avec les mésanges,
mais chassant toujours à sa manière. Tandis que
celles-ci se suspendent aux feuilles et aux branchettes, il va droit aux troncs et aux rameaux épais.
La mésange fait de la voltige ; le grimpereau court ;

mais une course pareille, verticale, est une autre espèce de voltige, non la moins brillante.

Oh ! les oiseaux ! La nature a été prodigue envers eux. Il semble qu'elle leur ait tout donné en leur donnant l'aile. Mais elle a voulu mettre le comble à ses faveurs, et ajouter la richesse à la richesse. Elle leur a donné, par-dessus, le ressort du jarret et la pointe de l'ongle, afin qu'ils puissent goûter sous toutes les formes imaginables les joies du mouvement et l'ivresse de la liberté.

LE COUCOU

Ordre des Grimpeurs. Famille des Cuculidés. Genre Coucou. — Longueur : 31 centimètres ; envergure : 60 centimètres. Le mâle adulte est d'un gris ardoisé, le ventre est blanc zébré de noir, la queue porte un certain nombre de taches blanches à l'intérieur de chaque plume. Le jeune mâle est d'un gris plus foncé et chaque plume est bordée de gris clair. La femelle est en général plus rousse et couverte de raies foncées. L'iris est orangé, les pieds couleur de chair. Tous les œufs de coucou varient de grosseur, de forme, de coloration et de dessins.

On entend une voix dans les bois : h'ou-h'ou ! h'ou-h'ou !

Aucune articulation de consonne n'annonce le mouvement d'une langue ou d'un bec. Tout se réduit à cette sourde diphtongue, avec une aspiration. Ce n'est pas un chant, ce ne sont pas des paroles, ce n'est qu'une voix.

Les naturalistes, les ornithologues et le peuple lui-même affirment néanmoins que cette voix est celle d'un oiseau. On l'appelle le coucou, et l'on raconte à son sujet des choses bien extraordinaires. On dit qu'il arrive du Midi au printemps, comme les hirondelles, les grives et les rossignols. Les mâles, assure-t-on, viennent les premiers, en grand nombre ; huit jours après, voici les femelles,

LE COUCOU

en plus petit nombre. Ils se distribuent dans les bois feuillus, sur les collines et les bas versants des montagnes, chacun ayant son quartier de forêt. Le coucou passe pour n'avoir point de nid. La femelle est accusée de conclure, par pitié sans doute, plusieurs mariages successifs dans une même saison. Elle consacre à rôder sournoisement, pour découvrir les nids du voisinage, le temps que les autres oiseaux emploient à construire le leur. Elle se dérobe autant qu'elle peut dans ces reconnaissances furtives, mais sans réussir à se cacher tout à fait, car c'est un gros oiseau, dit-on, presque aussi gros qu'un pigeon. Il doit être encore plus étrange que gros : de corps, fort peu ; mais une grande queue étagée, un long cou, qui ne cesse de s'étirer en avant, et un regard de feu qui fascine. Elle a les mouvements convulsifs, le mâle aussi. Tantôt le coucou part comme un trait, sans cause ; tantôt il tombe dans une longue et muette contemplation. L'inquiétude règne sur son passage ; les oiseaux crient et s'agitent ; ils pressentent quelque malheur. Ce pressentiment n'est que trop justifié. La rôdeuse s'arrête, un beau jour, à portée des nids dont elle a reconnu les abords ; elle pond un œuf à terre, un œuf marbré de toutes les couleurs ; puis elle le considère, pour savoir comme il est fait, car ils varient beaucoup ; après quoi, elle le prend dans le bec et va le déposer dans un nid, en ayant soin de choisir celui dont les œufs ont le plus

20

de ressemblance avec le sien, et d'en jeter un dehors, pour que le compte y soit. Quelquefois aussi, le choix manquant, elle va pondre dans le nid même, s'il est assez large. Le mâle assiste de loin à cette opération, et, quand elle a réussi, on l'entend chanter sur sa branche : h'ou-h'ou ! La femelle pond ainsi cinq ou six œufs, à quelques jours d'intervalle. Cela dure un grand mois, autant d'œufs, autant de pères, peut-être ; en tout cas, autant de nids volés. Ce qu'il y a de plus étonnant, c'est que les oiseaux à la charge desquels elle place chacun des membres de sa famille acceptent ces substitutions. Ils ont peur du coucou, dont ils ont une idée de ce qu'il est capable de faire ; ils doivent l'avoir surpris en flagrant délit ; la ressemblance des œufs n'est d'ailleurs jamais parfaite : celui du coucou n'en est pas moins couvé avec le même soin que les autres. Mais ce n'est encore que le commencement du mystère. Cet œuf est très petit, presque aussi petit que ceux du rouge-gorge ou de la lavandière jaune, qu'il remplace trop souvent. Le monstre qui en sort grossit avec une étrange rapidité, et son appétit est en proportion. Un amateur qui se vante d'en avoir élevé un, affirme qu'il dévorait chaque jour plus de cent vers de farine, vingt gros hannetons et une copieuse ration de pain imbibé de lait. On conçoit que le coucou grossisse, à un régime pareil. Bientôt il voit dans ses frères et dans ses sœurs d'adoption autant d'en-

nemis que lui a donnés la nature, et se sentant le
plus fort, il commence à s'agiter dans le nid, à
pousser du dos, à pousser du bec, à se remuer et
à se tortiller jusqu'à ce qu'il les ait tous fait passer
par-dessus le bord. Et le père et la mère voient le
massacre de leurs enfants et continuent à nourrir
l'étranger! D'où vient cette fascination? On n'a
pas su me le dire : ils continuent! C'est ainsi que
l'éducation d'un seul coucou fait quatre ou cinq
victimes. Combien faut-il qu'il détruise d'insectes
pour expier ce crime aux yeux des législateurs
utilitaires qui lui ont assuré la protection de la loi?
Quand ce vorace glouton quitte le nid pour chasser lui-même, il est déjà plus gros que ceux qui
l'ont élevé.

Bons lecteurs, voilà une histoire bien étonnante
et que vous relèguerez, peut-être, parmi les contes
que l'on fait aux enfants. Je puis vous assurer néanmoins qu'elle a pour garants des hommes dont le té-
moignage est irrécusable quand il s'agit des mœurs
des oiseaux. Friderich, le plus exact, le plus savant
des ornithologues modernes, longtemps incrédule
à ces prétendues légendes, a fini par être convaincu
lui-même. Il a vu, vu de ses yeux, les agissements
de la mère coucou et de son monstrueux rejeton.
Je vous en parle d'après lui, et d'après d'autres
témoins également dignes de foi, car, pour moi,
humble amateur, je n'ai rien observé de pareil, et
je ne suis pas même bien sûr que l'existence du

coucou ne soit point un mythe. On m'en a montré
dans les musées; mais on peut mettre tout ce
qu'on veut dans un musée. Quelquefois on m'a
dit, dans la forêt : « Voilà le coucou ! » et j'ai vu,
en effet, voler un gros oiseau d'un arbre à l'autre,
mais toujours de si loin que je n'ai pu me faire
aucune idée précise de sa figure. La seule chose
dont je sois assuré et dont, je pense personne ne
doute, c'est que chaque printemps retentit cet appel mystérieux, qui semble venir du creux des
vieux chênes : on dirait le premier tressaillement
de quelque génie longtemps engourdi qui s'éveille
enfin du pesant sommeil de l'hiver.

H'ou-h'ou ! on entend une voix dans les bois.

LE TORCOL

Ordre des Grimpeurs. Famille des Yunxidés. Genre Torcol. — Longueur : 17,8 centimètres, dont 6 pour la queue. Tout le dessus du corps est gris cendré orné de mille petits dessins bruns ; depuis le sommet de la tête au croupion, court un ruban brun, bordé de noir, dont la plus grande largeur est sur les épaules ; sur les épaules aussi, deux bandes d'un brun foncé : l'aile plus brune que le dos, le ventre est blanc et passe au fauve vers la gorge et les joues, celles-ci sont cernées d'un trait brun. Tout le dessus du corps est barré de noir. En mai, le torcol pond sept à douze œufs blancs. Il habite toute l'Europe et une partie de l'Afrique et de l'Asie.

ORCOL, c'est-à-dire l'oiseau qui tord le col. C'est le nom qu'il a reçu en latin, *torquilla ;* en allemand, *Wendehals,* et dans plusieurs autres langues. Pour quiconque le connaît, il ne saurait en avoir d'autre.

Le torcol n'est pas très rare, mais il vit très caché et passe inaperçu de ceux qui ne le cherchent pas. Son existence est tellement uniforme, tellement simple, qu'il suffit, pour s'en faire une idée, de réduire au minimum tout ce qu'il peut y avoir d'intéressant dans une vie d'oiseau.

Les mâles arrivent vers la fin d'avril, voyageant seuls et de nuit ; les femelles sont de peu de jours en retard. Les couples, aussitôt formés, s'établis-

sent sur quelque lisière de petit bois, au feuillage
clair, ou sur quelque arbre isolé, en rase campagne. On en voit jusque dans nos vergers. Une cavité quelconque leur suffit, en guise de nid. Ils y
transportent parfois un peu de paille ou de mousse,
ou bien, si le bois est pourri, ils y font tomber de
la sciure, à coups de bec. Le plus souvent, ils s'é-
pargnent cette peine. Ils n'ont pas de chant, mais
un simple cri d'appel, plus ou moins pressant et
plaintif : *weid! weid! weid!* Le mâle le fait entendre à chaque instant dans la courte période où il
se cherche une compagne. La femelle pond une
douzaine d'œufs, parfois davantage, petits, fragi-
les, transparents. Elle couve avec application pendant que son époux fait la chasse aux insectes,
ou mène sur les branches voisines une vie assez
désœuvrée. Les petits éclos, on les nourrit. A peine
peuvent-ils se suffire à eux-mêmes qu'ils se séparent. Autant en font le père et la mère. Puis,
dès le mois d'août, les torcols se dirigent vers le
sud, en voyageant comme au printemps, toujours
solitaires et nuitamment.

Voilà une pauvre existence d'oiseau. Point de
chants, point de jeux dans l'espace, point d'affec-
tions durables; ce qu'il faut de société pour assurer la reproduction de l'espèce, rien de plus. Le
torcol n'en est pas moins un des êtres les plus curieux parmi ceux qui ont reçu le don du vol. Il est
de la grosseur d'une alouette, bas sur jambes et

LE TORCOL

plutôt lourd que svelte. Jusqu'ici rien d'extraordinaire. Mais c'est sa toilette qui est extraordinaire. Quand la nature s'est amusée à mettre la
couleur à ce plumage délicat, elle s'est trompée
de pinceau ; elle a pris le tout petit pinceau avec
lequel, sans doute, elle venait de peindre l'aile
diaphane de quelque nocturne phalène. Elle a
fait de la miniature. C'est strié, zébré, sablé, ponctué, guilloché. Les nuances extrêmes sont le blanc
teinté de gris, ou gris cendré, et un brun marron
foncé ; l'œil passe de l'une à l'autre par une gamme
merveilleuse de tons délicats. Expliquer par des
mots comment ces nuances se distribuent entre
les diverses parties du corps serait tenter l'impossible. La peinture seule peut en donner quelque
idée, une peinture exacte, minutieuse, faite pour
être considérée à la loupe, car ce qu'il y a de plus
singulier dans ce vêtement de fantaisie, c'est la
profusion et la ténuité des détails : cette gorge
rayée de mille traits noirs, ces épaules semées de
petites croix et ce front couvert de circonflexes,
sous lequel brille un œil jaune, perçant.

Ce n'est pas à son plumage cependant, c'est à
ses grimaces, à ses postures comiques, que le torcol doit sa popularité. Les mouvements auxquels
il se livre pour saisir un insecte, ses allongements
de cou, et le jet imprévu de sa langue effilée qui
part comme un trait et va piquer la proie convoitée, sont déjà très curieux à observer, surtout dans

les fourmilières, quand il en harponne les habitants. Le pic a aussi ce goût pour les fourmis, et n'est pas moins habile à les harponner. Mais où le torcol ne ressemble à rien ni à personne, c'est lorsque, féru d'amour, il se blottit sur une branche pour appeler et charmer sa compagne. Il s'y tend, il s'y colle en quelque sorte, et entreprend sa grande pantomime. Il commence par s'allonger presque indéfiniment. Le cou devient à lui seul aussi long que tout le reste du corps. En même temps, la tête s'aplatit. C'était tout à l'heure un oiseau, ayant quelque rapport avec le moineau ; on jurerait, maintenant, un lézard. Tout à coup les plumes du crâne se dressent en huppe, la queue s'étale en éventail, la gorge s'étire encore et se tord, les yeux se tournent et la tête se renverse lentement en arrière, jusqu'à ce que le bec vienne s'appliquer sur le dos. Alors se produit une contorsion en sens inverse : bec, tête et cou reviennent en place avec la même lenteur, à moins que tout ne rentre dans l'ordre d'un seul mouvement, par une sorte de frisson, rapide comme la pensée. L'instant d'après le spectacle recommence, et ainsi de suite, quinze, vingt fois. Sont-ce réellement des convulsions, ou bien est-ce une manière de gesticulation passionnée ? Le torcol est-il un malade atteint d'un tic héréditaire ? Ou bien n'est-il qu'un comédien, un clown de cirque qui cherche à recueillir des applaudissements ? On incline plutôt vers cette dernière supposition, quand on l'observe dans ses colères. Deux torcols rivaux, deux mâles, ne se battent jamais; mais ils se font, sous les yeux de la belle qu'ils se disputent, des grimaces épouvantables. On incline plutôt vers la première, quand on voit les petits à peine éclos, tordre le cou dans le nid, à qui mieux mieux.

Les sorciers d'autrefois avaient le torcol en grande estime ; ils le faisaient entrer dans la composition de leurs philtres. Les sorciers d'aujourd'hui sont les naturalistes. La magie est devenue science, et la science ne fait plus de philtres; mais le torcol est demeuré pour elle un des plus singuliers mystères de la mystérieuse nature.

LE PIC BIGARRÉ

Ordre des Grimpeurs. Famille des Picidés. Genre Pic. — Longueur :
22 centimètres. L'iris est brun rouge, le front brun jaunâtre, la nuque
rouge cramoisi, le sommet de la tête, le dos, les ailes, la queue d'un
beau noir brillant, sur les joues et les épaules des taches disposées
en raies transversales et sur l'aile d'un blanc pur ; le dessous du corps
est gris roux clair, la région anale rouge cramoisi. La couvée qui a
lieu en mars ou avril se compose en général de cinq œufs blancs.
Cette espèce habite l'Europe et particulièrement les pays du Nord.

C'EST l'aile qui fait l'oiseau. Et cependant il
est des oiseaux à qui l'aile semble n'avoir
été donnée qu'à titre d'instrument supplémentaire. De ce nombre sont les pics.

On en compte plusieurs espèces, dont six sont
assez communes sous nos latitudes. Ce sont le
pic noir, le plus beau et le plus grand de tous,
sombre habitant des gorges et des sapinières de
la montagne, le *pic cendré* et le *pic vert,* ou *pivert,*
comme on l'appelle souvent, par une corruption
familière ; enfin les trois *épeiches,* ou *pics bigarrés,*
la grande, la moyenne et la petite. On donne souvent à la première le nom assez malheureux de
pic épeiche. Epeiche n'est que le mot allemand
Specht, pic, estropié par une oreille *welsche,* de

LE PIC BIGARRÉ

sorte qu'en disant *pic épeiche*, on dit en réalité, *pic-pic*. La langue est pleine de ces pléonasmes inconscients. Le nom de *pivert bigarré*, aussi fort en usage, est un contresens.

L'espace nous manque pour entrer dans des détails sur chacune de ces espèces. Bornons-nous à caractériser la famille.

Quand la nature veut qu'un oiseau réalise énergiquement l'idéal de son type, du type oiseau, elle concentre ses soins sur l'appareil respiratoire et sur les muscles qui font mouvoir les ailes. Elle a eu quelque autre intention en créant la famille des pics. Ils ont des ailes, — tous les oiseaux en ont, — mais des ailes petites relativement à la grosseur du corps, incapables de soutenir un vol rapide et prolongé. La force du pic est aux pattes, à la queue et au bec.

Le pic est bas sur jambes ; il n'a pas le pied long, mais robuste et puissamment armé. Il n'a que deux doigts tournés en avant, au lieu de trois ; le doigt extérieur est déjeté en arrière, comme l'ergot. Tous sont munis d'ongles gros, arqués, tranchants. Les deux antérieurs sont courts et ramassés ; celui qui fait la paire avec l'ergot est le plus long et le plus fort. La queue présente des particularités très remarquables, dont il y a quelques traces déjà chez le grimpereau. Elle se compose de dix plumes, recourbées en dessous, munies de barbes dures, qui ont presque la consis-

tance d'arêtes de poisson ; la tige centrale est
plus forte encore ; terminée en pointe vive, elle
ressemble à un piquant de hérisson.

De tels instruments ont une destination spéciale ; ils ne sont pas faits pour le vol, mais bien
pour permettre à l'oiseau de se fixer contre les
troncs verticaux. Je dis se fixer, ce qui est plus
difficile que de grimper. Avec un élan et des grif-
fes, on court tant bien que mal d'étage en étage ;
mais c'est un autre problème que de rester sur
place contre une paroi perpendiculaire, et de s'y
tenir assez solidement pour travailler dans cette
attitude. C'est à quoi servent ces ongles tranchants, particulièrement celui qui est déjeté en
arrière, sur lequel s'appuie l'oiseau. Les piquants
de la queue entrent dans l'épiderme de l'écorce,
comme autant de pointes d'aiguilles, et supportent
aussi une partie de l'effort ; les ongles antérieurs
agissant de haut en bas, permettent au pic de se
renverser en arrière, si sa besogne l'exige.

Elle l'exige, en effet, à chaque instant, car elle
consiste à perforer l'écorce, et même le bois des
arbres. Pour lui en fournir les moyens, la nature
a muni le pic d'un outil double, à la fois marteau
et ciseau. Le marteau, c'est la tête, emmanchée
d'un cou qui n'est pas très long, mais souple, nerveux et fort ; le ciseau, c'est le bec. Ce bec est bien
un ciseau, non une pointe, ni une pioche, comme
pourrait le faire croire le nom qu'on a donné à

l'ouvrier qui s'en sert. Il est d'une substance très dure aussi, épais et presque rond à la base, puis carré et cannelé, avec des arêtes tranchantes, enfin aplati et terminé brusquement en coin de bûcheron bien aiguisé.

Travailleur infatigable, le pic ne cesse de faire jouer son outil, frappant et refrappant du bec, taillant l'écorce, taillant le bois, enlevant bûchette après bûchette. Mais il possède un autre engin, peut-être plus extraordinaire encore, sa langue. Elle est longue, affilée, pointue, cornée, munie de crochets à son extrémité, faite pour transpercer les vers sous l'écorce et pour les arracher à leurs cachettes. Il y a une force étonnante et une merveilleuse prestesse de mouvement dans les muscles qui la font jouer, comme dans ceux qui font jouer le bec : au moment voulu, elle part comme un trait lancé par un ressort.

Nous ne saurions rien des mœurs de cet oiseau, nous ne l'aurions jamais vu dans la forêt, nous n'en posséderions que le squelette, qu'il n'en faudrait pas davantage pour reconnaître en lui une des créations les plus ingénieuses de la nature. Tout le monde l'admire-t-il comme il le mérite ? Il ne le semble pas. Les hommes ont des idées étroites. Emprisonnés dans les limites d'une courte existence, ils ont coutume, dans leurs études, de se hâter vers un résultat. Ils aiment les résumés, ils abrègent, ils classent. La nature, qui

21

a du temps, multiplie les inventions et semble prendre à tâche de mettre les classifications en défaut. Elle ne s'empare d'un titre que pour le varier indéfiniment, et à force de le varier, elle le retourne. Elle fait voler des poissons et des quadrupèdes, et parmi les oiseaux, elle crée le pic, l'ouvrier immobile, le piocheur, le marteleur, le ciseleur, le bûcheron fixé au tronc où l'attache l'espérance d'une proie. Les types purs sont peut-être les plus beaux ; mais la nature n'est nulle part plus intéressante, plus curieuse, plus étonnante que dans les types retournés.

LE PIC VERT

Ordre des Grimpeurs. Famille des Picidés. Genre Pic. — Longueur :
31 centimètres. L'iris est presque blanc, les joues noires, le sommet
de la tête rouge carmin, une moustache noire mélangée de rouge
chez le mâle. Le dessous du corps d'un gris olivâtre clair, tout le dos
et une partie de l'aile verts, le reste de l'aile brun parsemé de taches
claires, le croupion jaune vert. La ponte a lieu en avril et se compose
de six à huit œufs d'un blanc de neige. L'incubation dure 18 jours.
L'aire de dispersion du pic vert ne dépasse guère l'Europe.

OUI, certainement, l'homme est enclin aux
idées étroites !

Quand il rencontre un écureuil, c'est-à-
dire un animal à quatre pattes, fait pour marcher
et courir sur le sol, et qu'il le voit se livrer à de
brillants exercices de voltige aérienne, il est
charmé et désarmé. L'écureuil peut tout se permettre : de lui tout plaît, tout enchante, tout est
pardonné. Les forêts attestent ses déprédations ;
n'importe, c'est l'écureuil. Sa grâce est la plus
forte. Mais voici un oiseau qui mène une existence
obscure, qui se cache au fond des bois, qui se sert
peu de son aile, qui pique du bec l'écorce des arbres, qui travaille pour vivre, au lieu de chasser, en
vrai gentilhomme, dans les parcs du vaste azur :

de lui tout déplaît, tout est crime ou délit ; on
paye une prime à quiconque le tue, et les poètes
et les naturalistes regardent en pitié cet être ailé
qui ne mène pas une vie d'oiseau.

L'idée d'encourager la chasse au pic est une
pure absurdité. C'est un oiseau qu'il faudrait intro-
duire, au contraire, partout où il manque, et protéger partout où il existe. Les forestiers n'ont pas
de plus utile auxiliaire. Il vit des parasites de
l'écorce et du bois, dont il fait une énorme consommation. Chaque larve qu'il détruit est un ennemi dont la forêt n'aura plus à craindre la posté-
rité. On comprendrait, à la rigueur, le préjugé qui
le condamne, s'il s'attaquait au bois vert ; mais
il ne s'attaque jamais qu'au bois vermoulu, de
sorte qu'il fait beaucoup de bien sans aucun mal
appréciable.

Ce qui est encore plus étonnant, c'est de voir
des hommes d'un grand esprit parler du pic
comme d'un être mal fait, fruit d'une erreur de la
nature. Buffon lui refuse toutes les grâces dont la
source peut se trouver dans la sensibilité du cœur ;
il ne lui accorde que « l'instinct étroit et grossier
d'un oiseau borné à une vie triste et chétive. » Ah !
monsieur de Buffon, vous êtes un maître incomparable ; mais n'est-ce pas à vous, bien plutôt,
que manquent trop souvent les grâces de la sensibilité ?

Il est très vrai que le pic est un oiseau inquiet.

LE PIC NOIR

Il craint l'homme et il a raison. Il épie et regarde sans cesse autour de lui. Le surprend-on dans son travail, aussitôt il passe, sans avoir l'air de rien, de l'autre côté de l'arbre, et profite pour fuir du moment où il est masqué. Va-t-il se désaltérer à la source voisine, il use de mille précautions, descendant d'arbre en arbre, de branche en branche, et ne se risquant au bord de l'eau qu'après s'être assuré qu'il n'y a d'embûches nulle part. Tant de prudence et des calculs si ingénieux prouvent au moins que ce n'est pas l'intelligence qui fait défaut à ce prolétaire des bois.

La figure ne lui manque pas davantage. Plus d'un pourrait envier au pic vert l'éclat de son manteau, ainsi que la toge d'un vif incarnat qui lui sert de coiffure et se redresse en huppe parfois. Le pic noir, avec sa toque plus riche encore et son œil presque blanc, est un oiseau superbe autant que farouche. Quant aux pics bigarrés, aux épeiches, c'est l'extrémité postérieure du corps qu'ils ont trempée dans l'encre rouge ; mais leur toilette, pour être un peu bizarre, n'en est guère moins brillante.

Le pic mène une existence cachée, la même à peu près pour toutes les espèces. Il vole assez vite ; mais il ne se sert de son aile que pour passer, par bonds, d'un arbre à l'autre. S'il descend à terre, c'est pour aller boire ou pour faire la chasse aux fourmis, dont il est très friand. Il connaît les sentiers où elles cheminent à la file, et il y allonge sa langue gluante. Quand elle est garnie, il la retire. D'autres fois, il va droit à la fourmilière; il y donne quelques coups de bec ou de patte, puis il pique les larves ou promène sa langue au milieu de la multitude effarée. Les fourmis, cependant, ne lui fournissent qu'un supplément à ses repas, un dessert. C'est sur les vers du bois qu'il fonde l'espoir de sa cuisine. Il passe la plus grande partie de son temps à leur faire une chasse laborieuse, où l'art et la patience sont tout, l'agilité rien. Il grimpe en spirale autour des troncs, interroge l'écorce du bec et travaille partout où elle sonne creux. Au printemps s'ajoute à ses occupations ordinaires celle du trou à façonner pour le nid, un grand trou qui mesure jusqu'à trois et quatre décimètres de profondeur. Le mâle y partage avec la femelle les labeurs de la couvée; quand il ne la remplace pas, il la nourrit, et l'un et l'autre donnent à leurs petits les témoignages de la plus vive tendresse. La mère se laisse prendre avec eux plutôt que de les abandonner. Il a donc des entrailles et du dévouement, cet oiseau qu'on dit privé des grâces de la sensibilité. Il n'est point d'ailleurs aussi triste qu'on veut bien le prétendre; il est plus craintif que morose; il a ses cris d'appel et de joie, gais et retentissants et, s'il n'est pas chanteur, il est cependant musicien. A force de frapper les troncs creux, il leur imprime

une vibration sonore; il s'y plaît, il s'y anime;
elle devient de plus en plus intense, et l'on dirait
un orgue dans la forêt.

Malheureusement, son industrie elle-même l'expose à des dangers. Les copeaux répandus à terre
trahissent son nid et font capturer la nichée. Pauvre pic, c'est en cela que la nature lui a été ingrate.
Pour le reste, elle lui a fait un lot dont il serait,
sans doute, le dernier à se plaindre. S'il ignore
les voluptés réservées aux maîtres du vol et du
chant, il a, en revanche, la joie saine de l'ouvrier
qui gagne son pain à la sueur de son front, qui
s'égaye au retentissement du marteau, et qui
accompagne d'une cantilène sonore le travail de son
outil.

LA SITTELLE

Ordre des Grimpeurs. Famille des Sittidés. Genre Sittelle. — Longueur : 13,5 centimètres. Tout le dessus du corps bleu cendré, une bande noire, partant du bec, traverse l'œil et va jusqu'à l'épaule, la gorge blanche, la poitrine et le ventre jaune roux, les côtés brun de rouille, les pattes jaune clair. La femelle a des nuances plus ternes, elle pond en avril de six à neuf œufs blancs pointillés et tachetés de rouge clair et foncé et ornés souvent au gros bout de points gris violet. Le chant de la sittelle est un joyeux *zirr, willwill, willwillwill, will,* qui retentit dans les bois dès les premiers beaux jours de mars.

Si nous avions voulu produire un contraste, nous n'aurions pu mieux faire que de placer la sittelle après le torcol. La sittelle est aussi un oiseau bas sur jambes et qui paraît massif, dans sa petitesse, quand on ne le voit ni grimper ni voler. Elle le paraît d'autant plus qu'elle a la queue très courte, presque nulle. Mais son plumage, au lieu d'être ponctué, zébré, bigarré, est d'une simplicité exemplaire. Si l'on néglige une bride noire sur les yeux et une tache blanche à la gorge, on ne lui trouvera que deux couleurs : tout le dessus du corps est d'un bleu cendré ; tout le dessous est d'un beau roux vif. Il n'en faut pas davantage pour former un ensemble harmonieux

et une toilette distinguée. Sans cette queue écour-
tée et cet air alourdi, la sittelle mériterait une
place d'honneur dans nos musées ; dans la nature,
on ne se doute pas qu'elle ait rien à racheter.

Au printemps, on la trouve dans les bois, surtout dans ceux où de grands arbres, à l'écorce
rugueuse, abritent un fourré de buissons, de ronces et de noisetiers. Elle s'apparie dans les premiers beaux jours, impatiente de s'entourer d'une
famille. Son nid n'est jamais qu'un trou dans un
arbre, qu'elle pratique du bec, si elle n'en trouve
point à son gré. Elle en tapisse le fond de feuilles
sèches, et en rend l'entrée aussi étroite que possible, au moyen d'un travail en maçonnerie, exécuté avec beaucoup d'art. Elle a la salive gluante,
comme les hirondelles, ce qui lui permet de faire
des murs de terre tout à fait solides. Ce nid ne
tarde pas à se remplir de sept ou huit œufs, que
la mère couve avec une assiduité sans exemple.
Une fois sur ses œufs, elle n'en bouge plus. Si l'on
introduit une baguette par l'ouverture du nid, elle
pousse des cris aigus, mais elle ne se déplace pas ;
si l'on en détruit la maçonnerie et qu'on y plonge
la main, elle se laisse arracher des plumes sans
songer à s'enfuir. Le soin de sa nourriture est
abandonné au mâle. Les petits éclosent le quator-
zième jour ; mais ce nid aux parois perpendiculaires leur est une prison, où ils demeurent enfer-
més trois longues semaines. Lorsqu'ils sont sortis,

ils restent encore un grand mois sous la dépendance de leurs parents, qui les nourrissent de
chenilles jusqu'à ce que leur bec ait acquis plus
de force et de consistance. Il s'écoule ainsi près de
trois mois entre le moment où le premier œuf est
déposé et celui où le dernier des petits voit finir
son éducation. On conçoit que la sittelle ait assez
d'une couvée aussi laborieuse, et qu'elle n'en
fasse pas deux par saison. Cette tâche accomplie,
la famille se dissout, et chacun vit de son industrie. En automne, les sittelles se rapprochent des
villages.

J'ai parlé d'industrie. Le mot est juste. Le premier des arts indispensables à la sittelle est celui
de grimper. Peu s'en faut qu'elle n'y égale le
grimpereau lui-même, sur lequel elle a l'avantage
d'un bec beaucoup plus fort, capable de fendre
l'écorce. Elle vole très bien aussi; mais elle grimpe
infiniment plus qu'elle ne vole. On peut la voir
courir pendant de longues heures sur le même
arbre. Elle fait une grande destruction d'insectes.
En automne, elle y ajoute toutes sortes de petits
fruits, surtout des noisettes, des faînes, des noix.
Sa manière de casser les noisettes est charmante
à observer : elle les introduit dans une fente de
l'écorce et les y tient serrées ; quand elle les sent
bien assujetties, elle travaille du bec, à grands
coups, jusqu'à ce que la coque se fende. Elle pratique ordinairement cette opération, la tête en bas.

On entend de fort loin ce martelage. Celui du pic,
qui est un oiseau bien plus fort, est moins retentissant.

La sittelle est prévoyante autant qu'industrieuse.
Elle a ordinairement cinq ou six magasins dans
le voisinage du nid. En cage, quand elle a fini son
repas, elle en rassemble et en serre les restes dans
un coin.

La sittelle ne perd pas le temps à chanter, quoiqu'elle ait un petit cri assez joyeux, qu'elle pousse
assez fréquemment : *sit, sit, sit !* Elle ne s'attarde
pas à faire de la sentimentalité. Elle ignore absolument les démonstrations du torcol. Si elle fait
quelque révérence ou quelque caresse à sa compagne, c'est à la course, tout en trottinant et furetant. Elle ne s'oublie pas non plus dans la société
des autres oiseaux, même des mésanges, avec qui
on la rencontre parfois. De là vient qu'on lui re-
proche d'avoir le génie positif, d'ignorer jusqu'à
la poésie des bois où elle vit. Et il est vrai que
c'est une petite personne qui a toujours l'air
affairé, avec sa tête intelligente et fluette, ses petits
yeux brillants, son mouvement qui n'a pas de
cesse et son plumage qui s'agite pendant qu'elle
vient et qu'elle va. Elle prend le monde tel qu'il
est et ne tourne pas la vie en songe ; elle est active,
empressée, sérieuse. Mais quand la nature lui fait
entendre sa voix, quand le moment est venu de
remplir les saintes fonctions de la maternité, elle

écarte toute autre idée et se fait tuer plutôt que d'abandonner le poste du devoir. Il est certains héroïsmes, celui de la règle rigoureusement observée, celui de l'absolue fidélité à la consigne, qui sont le fait des caractères positifs : si ce n'est pas de la poésie, il faut que ce soit quelque chose de mieux.

LE FREUX

Ordre des Coracirostres. Famille des Corvidés. Genre Freux. — Longueur : 43 centimètres; envergure : 88 centimètres. Tout entier d'un noir profond à reflets métalliques bleus et violets. Autour du bec un cercle nu. Le bec est très allongé et la queue arrondie. L'iris est brun noisette. Les pieds noirs. En mars ou avril quatre ou cinq œufs verdâtres tachetés de gris et de brun foncé. Cet oiseau habite l'Europe tempérée, ses migrations ne le mènent pas très loin de sa patrie.

ORBEAUX, choucas et corneilles, races nombreuses, ce serait à vous maintenant à défiler sous nos yeux. Mais les juges du camp vous ont été peu favorables ; ils ont rangé la plupart de vos espèces parmi celles qui n'ont pas droit à la protection de la loi et à la bienveillance du public. Depuis longtemps déjà, il courait de mauvais bruits sur votre compte. On vous tenait pour oiseaux de malheur. Votre vêtement noir, vos cris lugubres, votre goût pour la chair corrompue, vous désignaient à l'imagination populaire comme des êtres néfastes, en qui devait résider quelque puissance de maléfice et de sortilège. Si vous avez été préservés de grandes persécutions générales, peut-être cela tient-il à la terreur que vous avez de tout temps inspirée et au mystère prophétique dont vous entourait l'antique superstition. Mais celui qui est craint n'est pas aimé, et l'homme se détourne de vous, à moins qu'il ne vous épie, comme on épie les menaces du ciel. La loi aurait-elle donc été dictée par le préjugé populaire? Celui qui l'a faite n'aurait-il pas vu les grandes et utiles fonctions que vous remplissez, en faisant disparaître les corps semés à la surface de la terre? Ne se serait-il point douté des services que rendent quelques-uns d'entre vous, en s'associant aux troupes errantes des petits oiseaux et en montant la garde pour eux du haut des arbres où vous perchez? N'aurait-il jamais entendu le cri d'alarme que vous poussez à l'approche du chasseur? N'a-t-il pas su que vous sauvez chaque automne des milliers et des milliers de tarins et d'étourneaux vagabonds? Est-il resté insensible aux grâces familières, à la bonhomie narquoise, mêlée de malice et d'humour, et à l'esprit d'invention qu'ont reconnu chez vous tous ceux qui vous ont observés? Non, mais il s'est assuré, par d'innombrables témoignages, de vos habitudes vicieuses et de vos méfaits trop fréquents. Le procès de la pie noire et blanche a été vite terminé. Le cri unanime des petits oiseaux dépouillés de leurs œufs s'est élevé contre elle de tous les bouts de l'univers. La *pie voleuse,* ainsi l'appelle le peuple, et le peuple a raison. Malheureusement, vous êtes

de sa famille, et vous avez tous, plus ou moins cet
appétit déréglé. Quelques-uns d'entre vous se distinguent par des larcins plus hardis ; vous vous
attaquez aux oiseaux aussi bien qu'à leurs œufs ;
les perdreaux, les levrauts, les agneaux eux-
mêmes ne sont pas en sûreté devant vous. Si la
nature vous refuse des cadavres, vous lui aidez à
vous en fournir. Vous êtes, en un mot, des oiseaux
de proie à qui la force manque seule pour devenir,
comme l'aigle, la terreur des troupeaux.

Il n'y a, dans la race *corvine*, qu'un très petit
nombre d'espèces qui méritent d'échapper à cette
condamnation générale. La principale est le freux.
Si tous ses proches lui ressemblaient, la famille
aurait meilleur renom, car il échappe à la plupart
des accusations qu'on peut formuler contre ses
frères ou cousins. Peut-être lui reste-t-il quelque
trace de ce goût dépravé pour les œufs d'autrui ;
mais ce n'est qu'une trace, amplement rachetée
par les services rendus. Il porte aussi robe noire,
sans doute, mais de quel noir ! Un noir métallique, tout en reflets, allant au vert, au bleu, au
violet. Ce serait un oiseau magnifique, puissant,
bien pris, splendide sous sa robe chatoyante, s'il
n'avait pas la peau nue autour du bec et de l'ouverture des narines, un peu coriace, râpée, blanche, couverte d'une sorte de teigne ou de gale.
Mais ce défaut, qui n'est point de conformation,
car les petits ne l'ont pas, constitue un des titres

22

du freux à l'estime des hommes. Le freux est un fouilleur, qui pratique des trous dans la terre pour harponner les vers blancs. Quand il voit une plante jaunir sans cause apparente, il sait ce que cela signifie, et il est prompt à jouer du bec autour du gazon desséché. Il n'a pas même besoin de cet avertissement. Il a le flair assez fin pour sentir sa proie sous la terre, et il lui arrive rarement de faire des fouilles en pure perte. Parfois, il se facilite la tâche en suivant le laboureur dans les champs, comme font les bergeronnettes et les lavandières. Son bec puissant a bientôt fait de fendre en quatre une motte suspecte et d'en tirer tout le gibier qu'elle peut contenir. Les insectes développés sont aussi une de ses proies familières. Le temps des hannetons est saison de fête pour lui. Plus tard, quand la cerise est mûre ou quand les graminées des prés plient sous le poids des épis, on le voit souvent piquer des graines et des fruits. Mais il n'a pas, comme la plupart des autres corbeaux, ce goût de l'ail, qui est distinctif de la race et qui n'ajoute rien à l'agrément de sa société. Il a moins encore ce goût, peut-être utile, mais repoussant, des cadavres en putréfaction. Le freux ne fait jamais la chasse aux morts.

Nous retrouverons le freux dans la prochaine notice, à propos du choucas. Mais, dès à présent, nous pouvons marquer le caractère original de ce bel oiseau. C'est un corbeau de bonne compagnie ;

c'est le plus honnête, le plus délicat, le mieux élevé de la famille, en même temps que celui qui a le plus de droits à notre reconnaissance. Quand il s'abat par centaines, au temps de ses migrations, sur les terres fraîchement labourées, nous devrions, au lieu d'y voir un sinistre présage, remercier le ciel qui a donné à l'homme un si précieux auxiliaire dans l'éternel combat de la vie.

LE CHOUCAS

Ordre des Coracirostres. Famille des Corvidés. Genre Choucas. —
Longueur : 31 centimètres. L'iris bleu clair, le front, le dos, l'aile,
la queue, le ventre, le bec et les pieds noirs, le reste d'un gris plus ou
moins clair. Il y a des variétés noires, pies et albinos. Une couvée de
cinq œufs a lieu en avril. Le choucas habite la Sibérie, la Perse et
toute l'Europe ; il n'émigre que par les hivers les plus rigoureux.

FREUX et choucas, ce sont les corbeaux utiles.
Plus petit et moins fort que le freux, le
choucas porte une robe de deuil, d'un noir
obscur, dont la monotonie est rompue par deux
taches d'un gris cendré sur la poitrine. Cette simple toilette, un peu bourgeoise, qui s'éloigne beaucoup de l'austère magnificence de celle du freux,
et qui n'égale pas, pour l'effet de surprise, celle de
la pie voleuse, ne diminue en rien les mérites
d'un oiseau qui n'a qu'un tort : celui de n'avoir
pas complètement dépouillé tous les instincts per-
vers ou malheureux répandus dans sa famille.
Soyons indulgents pour l'odeur d'ail qu'il exhale
de fort loin ; il est des hommes qui sont, à cet
endroit, plus choucas que les choucas. Mais la

vérité nous oblige à constater ici que s'il ne fait
pas la chasse aux oiseaux plus petits, il les cro-
que bel et bien, lorsque, d'eux-mêmes, ils lui
tombent sous le bec, et qu'on a vainement cherché à le corriger de la détestable habitude de
piquer les œufs du prochain, pour en boire le
contenu. Sans les ravages de sa gourmandise, le
choucas, qui est très facile à apprivoiser, serait un
charmant compagnon de basse-cour ; il aime la
société, il se plaît à percher à côté des poules ou
du coq, et presque sous leur aile ; il imite leur cri
à la perfection et répand la joie dans la volière
par ses vives allures et la gentillesse de son humeur. Son vrai titre à la reconnaissance est de se
livrer à une chasse presque incessante aux vers,
aux larves, aux insectes. On le rencontre, avec le
freux, dans les sillons que vient d'ouvrir la charrue ; parfois même, comme la bergeronnette, il va
se poser sur le dos des brebis, des porcs et des
bœufs, pour se régaler de leurs parasites.

Les migrations du choucas ne sont pas très
considérables ; il se déplace de quelques degrés
du nord au sud ou du sud au nord, selon la saison ; plusieurs passent l'hiver sous nos climats,
dans la compagnie des corneilles et des autres
corbeaux. Le freux, qui n'aime pas les pays
chauds, émigre plutôt de l'est à l'ouest ou de
l'ouest à l'est. L'un et l'autre voyagent par grandes
troupes.

Ce sont des oiseaux qui ne supportent pas la vie solitaire, même dans le temps où se constituent les familles. Ils nichent, comme ils voyagent, toujours en compagnie ; mais les deux espèces n'ont pas les mêmes instincts pour le choix de leur résidence. Le freux construit son nid sur les arbres, parfois dans les vergers, plus souvent au bord de la forêt, ou dans quelque bouquet de bois isolé. Il peut y en avoir jusqu'à dix ou douze paires établies sur le même chêne ou sur le même poirier. Le choucas est plutôt un oiseau de murailles. Il aime le séjour des villes, de celles surtout où il y a des églises gothiques et de hauts clochers ; dans la campagne, il recherche les châteaux en ruine, leurs créneaux et leurs mâchicoulis. Rien n'est plus amusant que de voir une tribu de choucas occupée à la construction des nids au sommet de quelque vieille tour. On se dispute les places, on se dispute les matériaux, et il faut que, devant chaque nid commencé, l'un des deux époux qui y travaillent en commun monte constamment la garde, pour écarter les pillards, pendant que l'autre va butiner dans le voisinage. Il en est à peu près de même pour les colonies de freux qui logent sur un arbre. De gracieuses idylles, des scènes de tendresse ou de jalousie se mêlent au vacarme de cette cité indisciplinée. La plupart des corbeaux, de ceux même qui sentent l'ail et vivent de chairs corrompues, sont des fian-

cés ou des époux avides de caresses. Ils prennent
exemple des langoureuses tourterelles. Les têtes
se rapprochent, les ailes frétillent, les becs se
cherchent. Puis, tout à coup, la noire multitude
s'élance avec des cris sauvages : on vient de signa-
ler un oiseau de proie dans les airs. Plus tard,
quand les nids sont pleins, le spectacle n'est pas
moins intéressant. C'est un va-et-vient perpétuel,
de la tour aux champs et des champs à la tour.
Ils ne sortent que pour rentrer et ne rentrent que
pour ressortir. Il n'y a rien là, sans doute, qui
leur soit particulier, et l'on pourrait citer bien
d'autres espèces qui en font autant ; mais leur
activité, au lieu d'être dispersée, se concentre sur
un point, et l'on assiste au travail non d'une
famille, mais d'un peuple, d'une ruche d'oiseaux.
Plus tard, enfin, quand les petits savent voler,
commence un dernier spectacle, celui des grandes
évolutions de la tribu. L'aile des choucas est
puissante, la meilleure dans toute la race des corbeaux. Elle ne vaut pas, à vrai dire, celle du martinet, cet autre habitant des vieilles tours. S'il fallait choisir entre le vol du martinet et celui du
choucas, la palme serait assurément au premier ;
mais les choucas volent par grandes troupes serrées, qui ne se débandent jamais. Ce sont les ma-
nœuvres d'une armée au lieu des exercices d'un
virtuose. A un signal donné, ils partent d'un seul
élan, avec des cris aigus, qui témoignent de leur

allégresse. Ils planent d'abord au-dessus des créneaux et des toits d'où ils viennent de sortir ;
puis ils prennent leur direction dans l'espace,
plus haut ou plus bas selon le temps ou le caprice.
Parfois ils volent comme s'ils avaient un but dé-
terminé ; d'autres fois ils s'arrètent, pour décrire
des cercles majestueux, ailes étendues. Soudain,
ils plongent d'un commun accord, pour remonter
de même. Ils s'éloignent de nouveau, et bientôt
on les perd de vue. On les cherche à l'horizon, on
les croit à toute distance lorsque, d'un autre côté,
il se fait un déchirement dans les airs. Ce sont les
choucas qui reviennent. Heureux oiseaux, pacifi-
ques armées ! L'homme bâtit des tours pour surveiller l'ennemi dans la plaine. Que ne peut-il
s'en servir comme vous, et se faire un instrument
de jeu de toutes ces machines de guerre !

LA CRÉCERELLE

Ordre des Rapaces diurnes. Famille des Falconidés. Genre Crécerelle.
— Longueur : 32 centimètres, dont 14,5 pour la queue. L'iris brun
foncé, les paupières, la cire du bec et les pattes jaune clair. Le mâle
a le sommet de la tête gris cendré, une moustache noire, le dos rouge
de rouille, semé de taches noires, le croupion et la queue gris cendré,
celle-ci terminée par une bande noire et un liseré blanc. Le dessous
du corps fauve clair, tacheté de noir. La femelle, de 3 centimètres
plus longue que le mâle, a la tête et la queue de la couleur du dos.
La queue a plusieurs bandes noires au lieu d'une. La crécerelle pond
en mai quatre à six œufs d'un blanc rougeâtre ou jaunâtre marbré et
tacheté de brun. Elle habite toute l'Europe, l'Asie septentrionale et
l'Amérique. Généralement elle émigre en octobre, pour nous revenir
en mars.

ous les oiseaux qui vivent d'insectes pourraient être envisagés comme des oiseaux de proie. Qu'on mange sauterelles ou couleuvres, la différence, en soi, n'est pas considérable. La plupart de ces êtres charmants qui égayent la campagne de leur vol et de leurs chansons sont aussi rapaces que les plus grands rapaces. L'hypolaïs fascinant une mouche, le moineau faisant sauter les élytres d'un hanneton, l'engoulevent engloutissant les phalènes au passage, la mésange nonnette disséquant du bec le petit scarabée qu'elle tient entre ses deux pattes ; que veut-on de plus

carnassier ? Cependant l'homme, habitué à juger
sur les apparences, est plus sensible aux larcins
qui le touchent qu'à ceux dont les autres ont à
souffrir ; l'homme a réservé le nom d'oiseaux de
proie pour les grands oiseaux qui menacent ses
troupeaux et ses basses-cours. Destinés à attaquer
et à déchirer des animaux qui ont des os et des
muscles, la nature les a munis des armes nécessaires : un bec crochu, capable de lacérer toute
chair, et des serres assez fortes pour s'enfoncer
dans le corps de leurs victimes. Il n'en faut pas
davantage, pour leur donner à tous, un air de
famille, auquel contribuent encore les tons fauves
du plumage, l'aplatissement du crâne, une vue
perçante et la puissance du vol. La terreur les entoure. Les enfants du peuple ont un nom caractéristique pour désigner tous ces grands rapaces
ailés ; c'est *la bête*, disent-ils. Cette terreur est em-
preinte dans les descriptions des anciens naturalistes, y compris Buffon. Ils distinguent mal entre
les habitudes des diverses espèces, et toutes sont
accusées de tous les méfaits de la famille. Des
observations plus exactes, de nombreuses dissec-
tions anatomiques, ont montré que si certains
oiseaux de proie nous causent de réels dommages,
d'autres nous rendent de très réels services. Il
faut distinguer entre ceux qui jettent leur dévolu
sur les poules, les pigeons, les lapins, les levrauts,
les marmottes, au besoin les agneaux, et ceux qui

LA CRÉCERELLE

vivent plus modestement de souris, de taupes, de mulots, d'orvets, de serpents, voire de hannetons et de sauterelles. La limite n'est pas rigoureuse. Tel mangeur de souris peut nous dérober un poulet ; tel amateur de volaille peut nous délivrer d'une souris ; mais il est des espèces dont le compte est facile à régler. Personne ne songera à une protection légale en faveur de l'aigle ou du vautour, tandis que la crécerelle et la buse, surtout la buse, sont décidément, malgré quelques méfaits, des oiseaux dont on aurait le plus grand tort d'encourager la destruction.

La notice suivante dira les mœurs de ces deux espèces ; quelques traits généraux suffiront ici.

Si l'habitude ne nous faisait pas envisager les choses les plus étonnantes comme si elles étaient toutes simples, nous ne pourrions nous lasser d'admirer cette chasse du haut de l'espace qui est propre aux grands oiseaux carnassiers. Nous autres, hommes lents et lourds, quand nous voulons chasser, nous allons nous mettre à l'affût, c'est-à-dire en embuscade, et nous attendons la proie convoitée, à moins que nous ne cherchions à nous en approcher à pas de loup. Voilà qui est mesquin et vulgaire. Vulgaire aussi la chasse de tous ces rôdeurs qui s'en vont où les mène le hasard, flairant des traces ; vulgaire celle du lion qui surprend la gazelle à l'abreuvoir ; vulgaire la maraude du moineau dans les rues et les carrefours ; vulgaire, malgré la magnificence du vol, la chasse de l'hirondelle, qui vient et qui va, et ne fait que fouiller les airs comme d'autres fouillent les campagnes et les bois... Ce qui est grand, ce qui est rare, ce qui devrait confondre la pauvre imagination humaine, c'est de chasser comme l'aigle ou le faucon, c'est de se perdre dans la voûte azurée, de se cacher dans les profondeurs de l'espace, d'y décrire des orbes immenses, de considérer du ciel tout ce qui se passe sur la terre, de choisir sa proie et de fondre sur elle avec l'imprévu de la foudre éclatant dans un jour serein. En vain la victime élue veut-elle se dérober, en vain a-t-elle des jambes ou des ailes pour fuir ; elle est saisie avant d'avoir vu le danger ; c'est irrésistible, c'est fatal. Son sort a été décidé là-haut.

Tous les oiseaux de proie ne répondent pas absolument à cette description idéale. Il en est de moins rapides que d'autres, et l'on en a vu qui remontent bredouilles vers le ciel d'où ils venaient de tomber ; on en cite même qui sont paresseux et couards. Mais qu'importent ces dégénérescences? Il suffit d'une ou deux espèces qui aient cette vue et ce vol pour que le type en soit fixé à jamais. On fait le compte des richesses dont elles nous dépouillent, des agneaux, des pigeons enlevés. Soit. Mais qu'on veuille bien considérer aussi que si l'oiseau de proie n'existait pas, la nature manquerait d'une de ses merveilles, la poésie d'un de ses

plus magnifiques symboles. Il ne faut pas juger
toute chose du seul et unique point de vue de l'utilité matérielle. Dans ce monde où règnent tour à
tour la force et la ruse, où chaque espèce a reçu
un ministère de mort à exercer contre quelque
autre espèce, il y aurait dépouillement et abaisse-
ment pour l'imagination, si celles qui l'exercent
dans les conditions les plus sublimes venaient à
disparaître au seul profit d'autres destructeurs de
race moins noble et de moins fière attitude. La
poésie perdrait moins à la disparition du lion ou
du tigre qu'à celle de l'oiseau de proie. Les fauves
du désert ne sont que des tyrans plus ou moins
cruels, plus ou moins généreux ; l'oiseau de proie,
roi de l'espace, est l'image du tyran des tyrans, de
celui qui menace toute vie. La mort, toujours
planant sur nos têtes, voilà le véritable oiseau de
proie ; voilà *la bête*. A celle-là nul encore n'a
échappé.

LA BUSE

Ordre des Rapaces diurnes. Famille des Butéonidés. Genre Buse. —
Longueur : 52 centimètres ; envergure : 120 à 138 centimètres. La cire
du bec et les pattes jaunes, l'iris brun ou gris, la queue traversée par
douze barres. Tout le dessus du corps est brun foncé ; sur le dos et
les ailes, les plumes sont bordées de brun plus clair. Le dessous du
corps est blanc roussâtre, tacheté de brun. Le plumage de cette espèce
varie d'un individu à l'autre suivant le sexe et l'âge. Il y en a de très
foncés et de beaucoup plus clairs. La ponte a lieu en avril et se compose de trois œufs verdâtres ou blancs, le plus souvent ponctués et
pointillés de rouge-brun. La buse habite une grande partie de l'Europe et de l'Asie centrale.

BUSE, ce nom sonne mal. L'oiseau qui le
porte ne doit pas être rangé parmi ceux
qui font honneur à la fière et sauvage
famille des grands carnassiers. Aucun n'en réalise moins bien le type idéal. Quelquefois quand
le temps est beau, dans la saison des amours ou
des migrations, il lui arrive de se ressouvenir de
son origine et de s'élever bien haut dans les airs.
Mais le plus souvent, la buse reste sur son arbre.
C'est un gros oiseau massif et fort, surtout paresseux. Son costume est sombre ; on dirait une robe
de capucin, serrée par une ceinture blanche au
lieu de corde. Il prend rarement la peine de se

construire un nid de toutes pièces, se bornant à
rafraîchir celui de l'année précédente ou à réparer
quelque vieille demeure de corbeau. Les arbres
où la buse a coutume de percher sont presque
toujours situés au bord de la forêt, et comman-
dent une étendue plus ou moins considérable de
champs et de prés, surtout de prés. Elle a l'air d'y
dormir ; de fait, elle y est très éveillée, ayant toujours l'œil ouvert sur le territoire qu'elle inspecte.
Voit-elle une souris se glisser entre les herbes,
elle fond dessus et la dévore sur place ; autant en
fait-elle pour les orvets et les serpents. Elle n'a
pas peur des venimeuses vipères, qu'elle avale
d'une bouchée ou par morceaux, selon la grosseur. Elle surveille avec un soin particulier la
terre nue des taupinières. Au moindre remuement, elle s'y précipite, y plonge ses deux serres
et en arrache le pauvre ermite qui a si mal pris
son temps pour donner signe de vie. Le gibier
est-il rare, elle guette le faucon et le poursuit lorsqu'il remonte dans les airs avec la proie qu'il vient
d'enlever. Soit bonté d'âme, soit faiblesse, l'heureux chasseur abandonne presque toujours son
butin à la buse affamée. Est-ce aussi par un effet
de paresse qu'elle ne s'éloigne guère, en hiver, des
lieux où elle a végété dans la bonne saison ? Au
midi de l'Allemagne, en Suisse, en France, on les
rencontre dans les mois les plus froids, tristes, les
pieds gelés, en proie à de longs jeûnes, et parfois

23

assez alourdies pour se laisser tuer à coups de
pierre par les enfants.

Autre est la crécerelle, le plus petit des faucons,
à peine plus gros qu'un geai, mais un vrai faucon.
Elle porte la tête haute, de manière à bien montrer l'hermine blanche, mouchetée de noir, qui lui
habille la gorge et la poitrine, et fait ressortir la
teinte cuivrée des ailes. Rien qu'à ce port de tête,
on reconnaît l'oiseau de race. Elle niche quelquefois sur les arbres; mais quand elle a le choix,
elle préfère les fissures des rochers et les hautes
tours démantelées. Il lui importe assez peu que ce
soit à la ville ou aux champs, à la plaine ou à la
montagne. Au reste, on ne la voit guère dans son
nid. Son domicile est dans les airs. Elle part à la
pointe du jour. Parfois, elle monte directement,
en spirale, et sans mouvement apparent des ailes,
jusqu'à des hauteurs infinies; plus souvent, elle
s'élance obliquement, pour s'arrêter bientôt, en
battant de l'aile, au-dessus d'une place qu'elle
veut examiner. Si elle ne découvre rien, elle continue sa tournée d'exploration et fait une autre
halte plus loin. A-t-elle vu une proie, elle la suit
assez longuement du regard, en planant. Elle a
besoin, semble-t-il, d'assurer son coup. Si elle le
manque, elle s'acharne à la poursuite de sa victime, jusque sous les toits des maisons. Elle se
fait assommer à coups de trique plutôt que de
lâcher prise. On en a vu tomber du ciel sur une

cage suspendue au grand air, et se débattre avec
rage contre les barreaux, pendant que le chardonneret ou le canari prisonnier, effaré de cette apparition subite, poussait des cris lamentables. D'ailleurs, le principal gibier de la crécerelle est la
souris des champs. Elle est friande aussi des moineaux. Comme tous les oiseaux de proie, elle
rejette par la bouche, sous forme de pelotes, les
peaux, les plumes et les os, tout ce qui est impropre à la digestion.

Ce petit faucon est un des oiseaux qui se laissent le plus facilement et le plus complètement
apprivoiser, surtout quand on l'a pris jeune, au
nid ; mais il faut le tenir soigneusement enfermé
à l'époque des migrations. En toute autre saison,
on peut lui laisser la liberté d'aller et de venir. Il
rentre au premier appel. La plus sûre manière de
le rappeler est de jeter dehors ou de poser sur une
fenêtre un morceau de viande crue. Il est en promenade dans les nuages, on ne le voit plus ; mais
il vous voit encore ; surtout il voit la table mise,
et l'instant d'après il fait bombance à vos côtés.
On peut juger par là combien sa vue est perçante.
Si l'on néglige de le rappeler, il revient également,
au bout de peu de jours ; la faim le ramène. Quoique infiniment plus agile et plus active que la
buse, la crécerelle est exposée à de longs jeûnes.
Ainsi en est-il de tous ces puissants ravisseurs.
Leur manière de chasser est moins productive

que sublime. Le vide se fait autour d'eux dès qu'ils paraissent, à moins qu'ils ne voient des armées de choucas, de corneilles, de lavandières se précipiter à leur rencontre et les poursuivre à grands cris. Nombreux sont les concurrents, rares sont les occasions, plus rares encore les repas. On a un bec, des serres et un estomac de carnassier; on est de noble lignage, on dédaigne les chasses vulgaires, on porte haut la tête, et il faut vivre de l'air du temps. Oh! pauvres oiseaux de misère, prétendus rois de l'espace, vous n'êtes le plus souvent que des hobereaux affamés.

LE CHAT-HUANT

Ordre des Rapaces nocturnes. Famille des Strigidés. Genre Hulotte. —
Longueur : 39,5 centimètres ; envergure : 95 centimètres. Le chat-huant
est reconnaissable à sa grosse tête, à ses grands yeux brun foncé. Son
plumage est, ou bien brun ou bien bistre, plus clair dessous que
dessus, et tacheté et strié de noir. L'épaule est ornée d'une ligne de
taches blanches. Les pieds sont blanchâtres et couverts de plumes.
Cette espèce pond déjà en mars trois à cinq œufs blancs et presque
ronds, qu'elle couve pendant trois semaines. Le chat-huant n'habite
que l'Europe tempérée.

Voici les nocturnes : le chat-huant, l'effraie,
le hibou.

Il en est d'aussi petits que le merle, il
en est qui atteignent presque la taille de l'aigle ;
mais tous, petits ou grands, vivent de chair et de
sang. Quelques-uns, d'entre les plus faibles, se
nourrissent principalement de gros insectes. La
plupart font la chasse aux souris, aux mulots, aux
orvets, aux serpents, aux levrauts et même aux
petits oiseaux. S'ils ne s'attaquent ni à nos poules
ni à nos pigeons, c'est qu'ils n'en ont pas l'occasion, pigeonniers et basses-cours étant fermés à
l'heure tardive où la nécessité les contraint à ren-

voyer leurs expéditions. La plupart de leurs méfaits ne sont point préjudiciables à l'homme. Les
petits oiseaux qu'ils détruisent comptent à peine
en regard des mulots et des souris qu'ils détruisent par milliers. Aussi, malgré l'espèce d'effroi
qu'inspire leur figure étrange, a-t-on depuis longtemps reconnu l'utilité de ces rapaces. Pour la
plupart d'entre eux, elle n'est ni contestable ni
contestée. Ils n'en sont pas moins rapaces. L'instinct du carnassier existe chez toutes les espèces
de la famille et se trahit chez les plus grandes, par
de bizarres méprises : on a vu des grands-ducs
s'abattre, comme l'aigle, sur des agneaux, même,
sur de gros moutons, et s'embarrasser dans la toison laineuse jusqu'à se faire prendre vivants sur
le dos de leur trop pesante victime. Tous aussi
rejettent, sous forme de pelotes, les parties im-
propres à la digestion.

Ce sont donc des oiseaux de proie, mais des oiseaux de proie qui ont l'aile courte et lourde, le
vol bas et lent. Jamais chouette ni hibou ne
prendrait au vol le moindre moineau.

Ce sont des oiseaux de proie, mais qui ont une
infirmité de la vue : ils l'ont trop sensible ; ils ne
supportent pas cette lumière du soleil que l'aigle
affronte de son œil sans paupière. C'est pourquoi
ils passent la journée dans quelque cachette obscure, propice aux longues somnolences. La vie ne
commence pour eux qu'à l'heure du crépuscule,

LE CHAT-HUANT

lorsque l'astre brillant n'a plus, pour notre monde, que des clartés incertaines.

Comment, avec cette double infirmité, peuvent-ils remplir leur destination? La nature y a pourvu en renonçant pour eux à cette chasse grandiose qui est celle du faucon, pour rentrer dans les conditions de la chasse vulgaire, propre à tous les rôdeurs, tant de jour que de nuit. Ne pouvant avoir l'aile foudroyante, ils ont reçu une aile silencieuse. Dans la plus grande immobilité de la nature, quand tout s'entend, ils volent sans être entendus. Ils se posent sans plus de bruit, et surprennent les dormeurs au nid ou au gîte.

Faut-il les plaindre? Je ne sais. Cette chasse furtive est de beaucoup la plus profitable. Le chat-huant s'engraisse pendant que la crécerelle crie famine et que la buse mélancolique considère son gésier toujours plat. Tous ces nocturnes ont l'air bien nourris. Cela peut tenir en partie à leur plumage, une sorte de duvet, léger et boursouflé, qui arrondit les formes ; mais cela tient aussi à une abondance réelle et aux douces somnolences d'une digestion bien faite. Ils mènent une vie de moines désœuvrés, dormant le jour dans leurs cellules et faisant le soir bombance au réfectoire. Ils seraient complètement heureux si le monde consentait à les oublier, comme ils paraissent l'oublier eux-mêmes pendant les délices du farniente. Mais les petits oiseaux ont de la mémoire; ils se rappellent

leurs frères enlevés, et si le hasard leur fait découvrir le trou de la chouette, ils s'appellent les uns
les autres et viennent la harceler de leurs cris et
de leur bec. La vue de cette face plate, de cet œil
rond, de ce bec crochu soulève des tempêtes parmi
les tribus emplumées. La pauvre victime proteste
par des grimaces, des haussements d'épaule, des
torsions de tête, des roulements d'yeux et des
mouvements si gauches qu'ils achèvent d'enhardir
et d'exaspérer la meute impitoyable. Les plus petits sont les plus ardents, à moins que le soir n'approche et que le rapace ne commence à s'éveiller.
Alors diminue l'audace des insulteurs, et la cohue
se dissipe peu à peu. On voit par là que les petits
oiseaux des bois sont très bien renseignés sur les
mœurs de ce gros oiseau, qu'ils harcèlent tant
qu'il est engourdi et qu'ils respectent dès qu'il
devient dangereux. En faut-il conclure que le souvenir de ses déprédations soit le seul motif de
leurs huées vengeresses? Il y est pour beaucoup,
sans nul doute, mais peut-être s'y ajoute-t-il une
répulsion instinctive qui tient à la figure du monstre. L'oiseau de nuit n'est pas fait comme les autres. Est-il bien possible d'avoir ces yeux et ce
bec? Quel mystère se cache sous cette face écra-
sée? Et que signifie cette prétention de n'y pas
voir quand évidemment il fait jour, et cette audace
d'y voir quand il fait nuit pour tout le monde? Il
ne se conduit pas comme le grand nombre; il faut

donc qu'il ne pense pas non plus comme le grand nombre ; peut-être a-t-il sa politique, sa morale, sa religion.... une religion qui condamne celle d'autrui. Haro ! haro ! Ces choses-là ne furent jamais permises. Il n'y a, aux yeux de la foule, qu'un crime irrémissible : c'est de ne pas lui ressembler.

L'EFFRAIE

Ordre des Rapaces nocturnes. Famille des Strigidés. Genre Effraie. — Longueur : 34 à 38 centimètres ; envergure : 93 centimètres à 1 m. 08. Les yeux sont petits et presque noirs, entourés de roux de rouille dans un cercle blanc. Le dessus du corps est gris cendré avec un mélange de roux et une quantité de petites taches blanches et noires. Le dessous du corps, suivant les individus, passe du fauve le plus ardent au blanc de neige. Les pieds sont couverts d'un duvet blanc. Le bec est blanc. L'effraie pond trois à cinq œufs blancs. Elle habite tous les pays chauds et tempérés du globe. Dans nos contrées, on ne la trouve pas dans les bois, mais bien dans les édifices, les granges et les vieux pigeonniers.

EFFRAIE ou orfraie ; ces deux noms sont employés à tort l'un pour l'autre dans quelques provinces de France et par quelques écrivains. L'orfraie est un aigle, le grand aigle de mer ; l'effraie est une chouette.

Que disons-nous de sa figure ? Est-elle belle, est-elle laide ? Question de goût, problème d'esthétique.

La question peut se généraliser pour s'appliquer à toute la famille. Si on la posait à un enfant ou à un homme du peuple, la réponse ne serait point favorable selon quelques naturalistes, le peuple et

les enfants se trompent. « La beauté des oiseaux,
dit Tschudi, égale leur utilité. »

Ce qui est hors de doute, c'est que les petits des
oiseaux de proie, même de l'aigle et du vautour,
sont parfois des êtres charmants. Il n'y a pas d'enfants au berceau, pas de poupon rose, pas de fleur
en bouton dans les prés qui ait plus de grâce que
n'en a l'aiglon éclos de quelques jours. Il n'a point
de plumes, mais une sorte de duvet gris ou blanc,
soyeux, tendre, délicat, gracieusement ébouriffé,
sur lequel la main passe et repasse sans jamais
se lasser. C'est si doux, si chaud, si moelleux ! Et
ce corps léger, rond comme l'œuf d'où il est sorti,
et cette aile naissante, et ce bec innocent et propret, fait pour baiser et mordiller des lèvres roses,
plutôt que pour déchirer des chairs pantelantes, et
cet œil sémillant, qui a des éclairs de diamant
noir : le monstre est un bijou. Les petits de certains carnassiers ont la même grâce mignonne,
sauf qu'il s'écoule parfois quelques jours avant
que leurs yeux soient ouverts. D'autres — et c'est
justement le cas de ceux de l'effraie — sortent de
l'œuf avec une tête démesurée. Mais ils ont tous ce
duvet clair et soyeux qui les enveloppe comme un
vêtement d'édredon. Après trois semaines apparaissent les plumes proprement dites. Elles prennent, de mue en mue, les couleurs propres à l'espèce ; la tête continue à grossir, la face s'arrondit
et s'écrase ; le type définitif s'accuse, et l'oisillon

coquet ou déjà bizarre, devient chat-huant, effraie, hibou.

Arrivés à leur plein développement, les oiseaux de proie nocturnes ont certainement quelques titres à la réputation de beauté qu'on essaye de leur faire. Leur plumage est fin, touffu, richement tacheté, orné parfois de dessins dans lesquels il y a de l'art et du style. Le corps a de l'ampleur, le dos est large, les jambes dissimulent ce qu'elles ont de trop court dans l'épaisseur d'une fourrure qui ressemble à une toison. L'effraie, presque blanche, passe pour un des types les plus remarquables de la famille, surtout l'effraie femelle, qui est plus grande et a les couleurs plus vives. — Les rôles sont intervertis chez la plupart des oiseaux de proie. — Mais quand on aura tenu compte de tous les avantages dont peut se vanter la race des chouettes, encore restera-t-il cette tête énorme, rentrée dans un cou massif, cette face plate et ronde, ce bec écrasé, ces yeux hagards, entourés d'une large bordure en cercle, comme d'un binocle monstrueux. Tout cela est étrange. La chouette, décidément, n'est pas un oiseau comme les autres. Elle n'en est que plus remarquable, plus intéressante à étudier ; mais le peuple a raison, elle n'est pas belle.

A-t-elle au moins de la physionomie ? Si l'on entend par là une expression qui soit l'image d'un caractère, je crains qu'il ne faille lui refuser encore cette seconde espèce de beauté. Les Grecs en ont fait le symbole de la sagesse ; ils l'ont donnée à Minerve. Elle a certainement quelques vertus. Elle aime ses petits, elle les défend avec courage ; elle les soigne longuement et tendrement, ce qui est rare chez les grands carnassiers, prompts à voir des rivaux dans leurs enfants. Elle ne manque pas de prudence. Elle se fait des magasins, où elle serre soigneusement les restes de ses repas et le surplus de ses provisions. Peu d'oiseaux sont plus prévoyants. Mais, cela à part, il est difficile d'y voir un type de haute sagesse. Elle a l'attitude de la méditation plus que la méditation elle-même ; elle rêve plus qu'elle ne pense. Ce qu'on peut dire, c'est que tous ces nocturnes sont des oiseaux mystérieux entre les plus mystérieux. Ils sont gras et bien portants, et cependant ils ont toujours quelque chose de maladif, de douloureux et de farouche. De là vient qu'ils inspirent tour à tour de l'effroi et de l'intérêt. On dirait un être inachevé. Il n'y a point de fond à ces yeux limpides, qui s'allument dans l'obscurité. Cet air ahuri trahit une âme qui n'a pas encore conscience d'elle-même, qui ne s'est dégagée qu'à demi des limbes du néant. L'idée n'a pas pris le dessus sur la matière ; la forme est demeurée informe. Vainement l'éducation tente d'achever l'œuvre incomplète de la nature ; la chouette apprivoisée reste la chouette. Elle a toujours l'air étonnée d'exister.

Son regard n'a que deux expressions : l'une d'effroi
quand elle se sent menacée ; l'autre de supplication, quand elle se sent protégée. « Aidez-moi, »
semble-t-elle nous dire. Son cri est un effort d'une
voix sans organe, un immense soupir d'une poitrine oppressée au temps des amours, la joie le
rend sauvage. C'est une voix aussi, comme celle
du coucou, mais une voix faite pour les ténèbres,
rauque et lugubre, et qui sème au loin l'épouvante.
C'est le cri de l'inexprimable. « Aidez-moi, » semble-t-elle dire encore..... Hélas ! à qui demandes-tu
de t'aider ? Trop nombreux sont tes pareils.
L'inexprimable est au fond de toute vie. Il n'est
pas nécessaire, pour avoir pitié de toi, que nous
lisions dans tes yeux tristes et doux ; il suffit que
nous regardions en nous-mêmes. Notre prière est
la même que la tienne : « Aidez, aidez. »

LE HIBOU

Ordre des Rapaces nocturnes. Famille des Otidés. Genre Hibou. —
Longueur : 34,5 centimètres ; envergure : 88 centimètres. L'iris est
orangé, le bec noir. Tout le corps est roux, mélangé de gris et tacheté
de blanc et de noir. Les oreilles se composent de six plumes dont la
plus longue a jusqu'à 3,5 centimètres. Les ailes dépassent la queue.
Le hibou habite toute l'Europe, la Sibérie et le nord de l'Afrique. En
mars ou avril la femelle pond environ quatre œufs blancs, très
arrondis, et les dépose le plus souvent dans un nid abandonné.

LES hiboux forment un groupe particulier.
On les reconnaît aussitôt aux deux mouchets de plumes qui se dressent, comme
des oreilles, à droite et à gauche de leur tête
arrondie.

On en compte trois espèces principales, connues
sous les noms de grand-duc, moyen-duc, petit-
duc.

Le grand-duc est un oiseau puissant et coura-
geux. Sombre habitant des forêts et des gorges, il
ne s'attaque guère qu'à des proies d'élite, à moins
qu'il n'aille troubler le sommeil des corneilles et
des corbeaux. C'est le plus redouté, l'aigle des
carnassiers nocturnes.

24

Le plus inoffensif en est le petit-duc, dont l'oreillette se réduit à une plume ; il est à peine plus gros qu'un merle.

Entre ces deux extrêmes se place le moyen-duc, qui est notre hibou commun, de la grosseur d'une corneille. Il commet bien quelques peccadilles aux dépens des petits oiseaux ; mais les souris des champs sont sa proie de prédilection.

Le hibou commun ne supporte absolument pas la lumière du soleil. Ni le chat-huant, ni l'effraie, ni le grand-duc, — surtout pas le grand-duc, — n'en sont hébétés à ce point. Aussi se cache-t-il au plus épais des feuillages. Il passe pour un des plus grimaciers de la race, ce qui tient, sans doute à l'extrême sensibilité de ses yeux. Plus il est ébloui, plus il est ébahi. La sauvage tristesse de son cri a fait naître de nombreuses superstitions. On redoute surtout celui du petit-duc. Dans les pays de langue allemande, on l'appelle l'oiseau des morts, *Todtenvogel*, à cause de son appel trois fois répété : *Tod, tod, tod !*

Il semble donc que tout se réunisse pour faire du hibou un oiseau sinistre. Et cependant il inspire des idées moins sombres que les chouettes. Il le doit en grande partie à ses deux oreilles mobiles qu'il incline en avant ou en arrière, et qui lui donnent un air goguenard. C'est un oiseau pittoresque, plus encore qu'effrayant, — un oiseau à oreilles ! Ses grimaces ne sont pas pénibles,

comme celles de l'effraie ; elles sont amusantes,
et on lui trouve, surtout au petit, une sorte de
gentillesse qui *le fait rechercher comme un gai*
compagnon de chambre.

Et puis, l'excès même de son infirmité a pour
conséquence et pour compensation des jouissances
plus vives. Chaque journée amène un moment
délicieux dans la vie du hibou, celui où le soleil
commence à baisser sur l'horizon. Il achève son
demi-sommeil *au milieu des songes les plus flat-*
teurs, goûtant d'avance tous les plaisirs d'une
chasse qui ne peut manquer d'être fructueuse. Il
s'agite sur sa branche, il se secoue, il lève une
patte, il tourne la tête ; parfois il claque du bec,
comme si quelque fumet appétissant venait lui
chatouiller l'odorat. Les ombres des troncs s'al-
longent sur la mousse, les masses feuillées com-
mencent à être éclairées par-dessous, l'heure des
rayons va faire place à celle des reflets : il s'ébranle,
il entre en chasse. Les premiers instants ne répondent pas toujours aux images du rêve ; il y a
encore trop de lumière ; l'œil a des étonnements,
l'aile n'est pas dégourdie, et quelques oisillons
moqueurs s'obstinent à huer au passage le chas-
seur maladroit. Mais voici le crépuscule ; une dernière lueur, colorée par les rougeurs de l'occident,
pénètre discrètement dans les clairières des bois ;
le silence s'établit ; à peine la brise qui fraîchit
fait-elle tressaillir les feuilles des bouleaux ; la

nature n'est plus qu'un vaste théâtre où le hibou seul est en scène. Il s'anime à son jeu ; ses articulations se dérouillent ; il vole sans bruit, mais non sans vivacité ; sa prunelle grandit, il voit. Tout est clair pour lui quand tout devient indécis pour les autres. Ici une bonne piste, là une piste meilleure ; il furette, il cherche, il trouve ; le rêve se réalise, la chasse est un festoiement : il dépèce un orvet, morceau par morceau ; il ne fait qu'une bouchée d'une petite souris rose née de la veille et qui n'a pas encore les yeux ouverts ; il happe, pour varier, un grillon dans le pré ; puis il entend les grenouilles dans le marais voisin : il dresse l'oreille, il y court, il y pêche.....

Cependant la lune se lève, la grande lune des belles nuits d'été ; ses rayons obliques rasent la campagne et font scintiller les gouttes de rosée ; un pâle arc-en-ciel se dessine sur la prairie : alors commence la fête des fêtes. Le hibou n'a fait encore que prendre son repas quotidien, il a chassé pour manger ; maintenant il chasse pour remplir ses celliers. Plus de fatigue, plus de somnolence : au sein de cette lumière discrète, tendre et bleue, il sent renaître en lui toutes les énergies vitales. Le cri-cri des grillons continue, le concert des grenouilles redouble ; des clartés furtives trahissent les cachettes des animaux endormis ; aux parfums de l'herbe fleurie s'ajoutent les chaudes senteurs qui viennent des gîtes et des nids. L'heu-

reux carnassier ne se contient plus ; un cri formi-
dable s'échappe de sa poitrine : *Kunk, kunk ! —
Kunk !* grince l'écho de la forêt. Un autre cri retentit dans le lointain : *Tod, tod, tod !* C'est le petit
hibou qui s'ébat comme son grand frère. *Tod !*
répond l'écho complaisant. Les morts sont nombreux, en effet ; l'abondance règne, les charniers
regorgent, et le passant qui s'est oublié jusqu'à
cette heure tardive se signe sur le chemin. Repu,
mais non fatigué, le funèbre chasseur poursuit son
œuvre : il s'y acharne et ne s'en rassasie pas ; ses
yeux ronds flamboient, et la lune, toujours sou-
riante, inonde la terre de ses doux rayons ar-
gentés.

TABLE DES MATIÈRES

Publications de la Librairie Delachaux & Niestlé S. A

NEUCHATEL

— . • .—

Jean des Paniers, par Louis Favre, 1 vol. in-12 . . . . 3 50
A la Légion étrangère par Léon Randin, un vol. in-12
   illustré de 12 planches hors texte d'après photogra-
   phies inédites 3 50
De Sébastopol à Solférino, par James de **Chambrier**,
   1 vol. in-12 . . . . 3 50
L'Héritière de Glen, par Miss Grant, 1 vol, in-12 . . . 3 50
Jean de Naples, par Ad. Ribaux, 1 vol. in-12 . . . . . 3 50
Eric ou Petit à petit, par F.-W. Farrar, nouvelle édi-
   tion illustrée, in-12 . . . . 3 50
Marthe, récit pour les jeunes filles, par M. Nossek, in-12. 3 —
Gabriel Heidepeter, roman de mœurs styriennes par
   Pierre Rosegger, traduit de l'allemand, in-12 . . . . 3 50
La Cour et la Société du Second Empire, par James
   de Chambrier, 1re série ; 2 vol. in-12 à 3 50
Le Régent de Lignières, par O. Huguenin ; 1 volume
   in-12, illustré de 56 dessins de l'auteur . . . . . . 4 —
Nos Vieilles Gens, par O. Huguenin, nouvelle illustrée
   par l'auteur ; 1 vol. in-12 . . . . 4 —
Récits de chez nous, par O. Huguenin, illustré par l'auteur ; 1 vol. in-12 . . . . 4 —
Constant, par O. Huguenin, nouvelle illustrée par l'auteur ; 1 vol. in-12 . . . . 4 —
Maître Raymond de Lœuvre, un Magister au VIme
   siècle, nouvelle historique par O. Huguenin, ill. par
   l'auteur ; 1 vol. in-12 . . . . 4 —
L'Armurier de Boudry, une histoire du vieux temps,
   par O. Huguenin, 2me édition, illustré de 12 dessins
   de l'auteur ; 1 vol. in-12 . . . . 3 50
La Fille aux fraises (4me série de Nos Paysans), par
   Adolphe Ribaux, 1 vol. in-12 . . . . 3 50
Le Petit Lord, 3me édition, par F.-H. Burnett, traduit
   de l'anglais par Mlle E. Dubois, illustré de 10 plan-
   ches hors texte par H. Niestlé, 1 vol. in-12 . . . . . 3 —
Le Chemin du bonheur, nouvelle imitée de l'anglais,
   par Jenny Coulin, 1 vol. in-12 . . . . 3 —
L'Héritier du Château, roman imité de l'anglais, par
   Mlle Jenny Coulin, 1 vol. in-12 . . . . 3 —
L'Emule, par Berthe Vadier, in-12 . . . . 2 50
La Fille du Taupier, roman, par Louis Favre, in-12 . 3 50